認識
職場
18

量子電腦和量子網路

科技的下一場重大革命，它們如何運作和改變我們的世界

QUANTUM COMPUTING

How It Works, and Why It Could Change The World

AMIT
KATWALA

阿米特．卡特瓦拉／著　翁尚均／譯

國內各界專家好評

量子電腦是一種「典範轉移」，將徹底顛覆科技產業。台灣必須以戰略思維來擁抱量子電腦，而不是因半導體短期榮景而沾沾自喜。

——黃齊元　藍濤亞洲總裁

精鍊說明量子電腦的硬體實踐，包含不同架構的優劣與相應龍頭企業。頗具縱深地觸及量子演算法可能帶給世界的改變，並且在樂觀基底中包含客觀的審慎。

——曾可維　新加坡國立大學量子科技中心博士候選人

所有科技大廠如谷歌、微軟和英特爾都在爭奪量子計算領域的霸主，終於有一本書可以讓我們簡單地知道，它將如何改變世界與你我生活，非常推薦這本《量子電腦和量子網路》。

——蘇書平　先行智庫執行長

知識不該是少數人的特權，前沿研究固然重要，但科普教育才是根本。本書透過淺顯易懂的故事，將量子計算友善地帶給想要入門的莘莘學子。

——卓建宏、陳在民

元宇宙量子計算 Quantum Computing 社群發起人

推薦序

從古典世界進入量子世界

張慶瑞
NTU-IBM 量子電腦中心主任

量子計算已經被譽為未來世界的改變者，同時也會導致世界當前的權力變化。但量子電腦背後的真正意義是什麼？如果不了解量子電腦是否足以成為現代公民？本書以淺顯的文字，把量子的特性和量子電腦的優勢，說明得相當清楚。更重要的是，量子電腦未來的應用，以及為何現在各大公司願意全力投入量子科技的開發的原因，作者都不厭其煩地闡述透徹，讓讀者對量子這項漸漸成熟的科技有全面的理解。要理解量子電腦及其未來趨勢，這本書是很好的入門。

量子概念近年來在積極推廣下，逐漸在台灣各處播下量子科技成長的幼苗，希望未來能夠迅速成長茁壯。量子新世代，是一個充滿嶄新科技希望的Q世代，Q世代各種機會將比過去嬰兒潮世代更加寬廣，也更波濤洶湧。熱學與力學的工業革命，讓人類享受機械力量的果實；電磁學與光學的半導體革命又讓人類進入數位世界。今天量子力學再度啟動量子革命，將會在地球上創造出怎樣的科技成果，還有待觀察。

人類廿世紀從自然中學習量子科學，利用已有材料製作量子元件。在廿一世紀的第二次量子科技革命，開始進入量子工程世紀，使用量子科學來架構量子工程，進一步製作出自然界所沒有的材料與元件，組合出嶄新的量子機器來造福人類。這本書提到的指數威力，是量子電腦遠勝過古典電腦的主因，一般人通常不太容易理解指數為何具有如此龐大威力，本書以簡單的說明，讓讀者可以輕易了解。

今天，IBM已將一百二十七量子位元的電腦上線，更宣稱目前的一百二十七量子位元可以構成的龐大量子組態，是當前地球上所有原子都變成古典位元（約10^{50}個原子）所共同組成的古典電腦也無法比擬的，而很快地，甚至整個宇宙的原子（約10^{80}個原子）所組成的古典電腦，也無法比擬即將出現的量子電腦威力。量子電腦的各種應用黃金期即將出現，尤其今年ION Q公司正式在美國股市上市，吸引資金投入而快速上漲，更讓大眾對量子科技的未來有無限期待。目前快速發展的結果是，廿歲以下的年輕一代絕對無法離開未來的量子生態環境。現今全世界已經有超過三十六萬個使用者，透過雲端使用IBM量子電腦，每天至少有二十億個量子指令在網路上執行，未來量子知識的重要性將遠勝於其他知識，因此良好的量子啟蒙書也變得格外重要。

作者是《連線》資深編輯阿米特．卡特瓦拉，他在本書中不但告訴你量子科技革命的基本常識，同時也解釋了背後的高度複雜科學。對量子計算的現狀和前景有很完整的介紹，但內容又不太艱澀。它是一本相當有趣的量子基礎書籍，描述了量子計算的可能性和未來發展。對於想要了解更多關於量子計算，以及實現方法和簡單應用的人來說，本書是一個很好的墊腳石。書中提到谷歌、微軟、騰訊和阿里巴巴等中美公司間的科技競爭現況與背後驅動的力量。作者也介紹了量子計算未來在醫學、網絡安全和乾淨能源等領域的潛在應用，同時更客觀地估計量子霸權還要多久才會來臨。作者指出，雖然量子電腦已經有極大進展，但目前許多人對量子電腦的過度期望，已遠超過現有量子電腦可以達到的功能，但這並不是說未來量子霸權不會發生，只是目前的電腦硬體仍無法做到。為了讓量子計算能夠加速來臨，物理學與數學的基本訓練仍然是必要的。ＩＢＭ二〇二一年的量子路程發展圖，已經宣告二〇二四年要開發糾錯能力的量子電腦。甚至告二〇二五年將進入百萬量子位元的時代，書中提到各種量子計算的神奇應用，甚至破解金融密碼，也都會隨著ＩＢＭ的硬體成熟而即將逐步實現。

量子科學在二十世紀初期由歐洲奠基而後逐漸成熟，並推動了近代對宇宙萬事萬物的深入了解。量子科學在許多概念上與古典的宏觀世界確實有顯著不同，例如量子化與不確定的機率概念，不但在科技上造成極大變化，同時也在人文與哲學方面引起甚多探討。由於量子科技的進步，量子引發的思維也將再度衝擊人文與哲學的新思維，量子科技將於未來數十年內會快速推進人類文明的再進化。社會科學過去主要都建立在傳統世界觀的基礎上，未來可能需要依照量子論的思維進行思考與重構。例如，人類可能從來都不是完全分離的，而是糾纏在一起的社會元素，如同微觀世界中的量子，人們也是同樣陷於集體糾纏的困境中。另外，量子量測的順序會影響觀察結果，而在社會科學的現象也常與順序有關，例如問卷調查的順序就會影響分析結果。此外人常在性善與性惡之間徘迴，反而類似量子論的疊加狀態，甚至可以說像薛丁格的貓般，沒有打開箱子之前，惡與善僅是一念之間。量子的影響將不只在科學，而是全面性地改變地球。

雖然量子世紀的正式來臨，仍有段時間，但量子科技革命的巨大浪潮，會把地球從古典地球帶往量子地球的高峰，這也必定是人類史上遠超越工業革命與半導體革命總和的巨浪。量子世紀元年就在不遠處等待所有的讀者，本書也是搭上開往量子地球的最優惠車票。

目次

導論

位於田納西州橡樹嶺國家實驗室，名為「高峰」之ＩＢＭ超級電腦的重量是藍鯨的三倍，占據了兩座網球場的空間。它有兩百一十九公里長的線路，每秒可以執行超過三千億次的計算。二〇一九年六月，它連續兩年成為世界上最快的超級電腦。

但大約在「高峰」獲得此一美譽的同時，它卻悄悄地被迎頭趕上。超越它的既不是勢均力敵的美國競爭對手超級電腦 Sierra，也不是廣受吹捧、在二〇二一年全面上線時估計其能力將超越「高峰」的日本超級電腦「富岳」。打敗「高峰」這部巨大機器的，原來是存放在加利福尼亞州聖巴巴拉海灘附近一間小型私人研究實驗室中、只有指甲大小的晶片。

這個名為「美國梧桐」的量子晶片，是由搜索巨擘谷歌的研究人員開發出來的。它構成了量子電腦（一種全新的、根據量子物理定律運行的、全然不同類型的設備）的核心部分。

量子電腦潛力無窮，最終可以徹底改變從人工智慧到新藥開發的一切。一部量子電腦可以幫助創造高效能的新材料、提升對抗氣候變遷的鬥爭，並完全顛覆保護我們隱私安全的加密技術。正如 Discover 雜誌在該項研究之初所說的那樣，量子電腦「與其說是機器，不如說是一股自然力量。」[1]

如其潛力得以充分發揮，這種設備將不僅是現有電腦更強效的版本，而且還以完全不同的方式運作，以至於能夠完成看似不可能的任務。這是因為其優勢和我們大多數人對宇宙的理念完全不同。如果不利用稍微模糊的類比，我們很難解釋得通。基於上世紀物理學家對宇宙發展出來全新的、更深入的理解，量子電腦可以有效發展一系列的全新能力。

量子科學家麥可・尼爾森和軟體工程師安迪・馬圖沙克，嘗試將用如下的比喻向一般人解釋此一異常複雜的現象：「試想你在下棋，而規則卻朝對你有利的方向改變，例如擴大『車』這枚棋子的移動範圍。」[2]

此一額外的彈性能讓你更快跳到你想去的位置，因此就能更快將對手打死。在某些情況下，量子電腦能讓你達成一百萬台超級電腦都無法成就的事。

這種說法絕非誇大，各位大可聽信。我們就要踏入嶄新的科技年代，而在其中，量子電腦將幫助我們開發更高效的旅行路線，讓科學家輕鬆應付科學實驗中的複雜數目。它有可能改變銀行分析風險的方式，也使化學家和生物學家細緻模仿自然世界的現象，並創造出全新的、更高效的材料和程序。威廉・賀利（綽號「胡利」）這位高科技企業家兼 Strangeworks 公司（成立宗旨在於讓量子計算科技普及）創辦人表示：「這是有史以來最可觀的科技躍升，未來十年內計算科學發生的改變將勝於過去一世紀的成就。」

直到最近，一直都有人懷疑量子電腦是否真能運作。甚至今天，還是有人不相信實用版的量子電腦真能問世，因為他們認為，生產量子電腦是難上加難的任務，也將面臨工程上、製程上和數學上的挑戰。然而，在過去二十年間，世界上最大的公司（谷歌、亞馬遜、微軟、ＩＢＭ、英特爾及其他）都爭先恐後在研發可用於日常生活中的量子設備。

二〇一九年夏天，谷歌的一組研究人員在投入十年時間嘗試構建量子電腦後，完成了一個被稱為「量子霸權」的創舉。這個術語由物理學家約翰．普雷斯基爾新創，強調量子電腦可完成即使是世上最好的傳統電腦也永遠無法做到的事。

六月十三日，電腦史的里程碑時刻到來，因為當天谷歌的美國梧桐晶片（冷卻到比外太空還冷的溫度）只花三分二十秒便執行完一系列複雜的計算，而若改由超級電腦「高峰」來執行，則要耗上一萬年。這是一個畫時代的壯舉。倫敦帝國理工學院的物理學家彼得．奈特在幾個月後發表一篇研究論文[3]時告訴《新科學家》雜誌：「這項科技實在了不起。這說明量子計算雖難，但並非不可能。這是邁向偉大夢想的墊腳石。」

它標誌了一個關鍵時刻：量子計算從純理論變成真正可行的技術。自谷歌宣布這項成果以來，政府和風險投資家已對此一領域挹注了數百萬美元的資金。

在谷歌內部，他們將這一成就比作萊特兄弟飛機小鷹號首飛這項標誌航空業誕生的創舉。協助設計和製造美國梧桐晶片的谷歌量子硬體工程師東尼．梅格蘭特說：「有些人認為我們所做的事或隨後的步驟根本不可能成功。」其他人則半信半疑。當這項研究正式發表時，谷歌在量子競賽中的一些競爭對手（尤其是IBM）已開始懷疑美國梧桐晶片是否真像這家搜索巨頭聲稱的那樣領先於超級電腦「高峰」。他們認為，谷歌設定的任務過於狹窄和具體，以致無法視為量子霸權。

量子霸權是項巨大的科技成就，可能開啟了「量子時代」的新紀元。然而真正的競賽才剛揭開序幕。梅格蘭特說：「我們在這領域的硬體部分耕耘了十年，這場競賽的起跑點我總是將它設定在某個峰頂，如果你要參加，非得攀上峰頂不可。」

本書要說的就是這場賽跑的故事，同時探討量子電腦如何重塑金融、醫藥和政治領域，以及提升我們認識宇宙的諸多方式。不過我們要先從最基礎的入手。

第一章

何謂量子計算？

直到最近，世界上每台電腦（從一九四〇年代體積占據一個房間的密碼破譯機到現今智慧手機裡的微處理器）的運作原理基本相同。矽晶片和半導體的發明令電腦科學向前邁了一大步，但今天高科技設備的設計原理其實和艾倫．圖靈及其同事在布萊切利園的「英國密碼破譯中心」所運用的原理（亦是第一代傳統電腦之所本）完全一樣。這套相同技術支援了首尾兩代之間的所有電腦，以至於你那台老舊的桌上型電腦，理論上（只要時間和記憶體都夠）辦得到超級電腦「高峰」一切能執行的工作。

這些傳統電腦都靠「位元」運作。位元基本上是小小開關，可以是用矽刻出來的閥、繼電器或電晶體，而且始終處於「開」（以1表示）或「關」（以0表示）的狀態。你聽的每首歌、YouTube中的每段影片和下載的每個應用程式，都是由這種1和0的組合所構成。

1和0的這種組合（即開關的啟閉）被稱為「二進碼」。如果電腦所處理的事不複雜，這系統是能順暢運作的。2以數字串10表示，3和4分別為11和100。但當處理的對象變複雜時，你需要用來編碼的位元數目就會陡然增加：15是1111，500成了111110100。

這種二進碼數字串中的每個元素各自需要一個獨立的位元來表示，也就是需要一個在1和0之間切換的實體開關。電腦時代的科技奇蹟在於我們將這些開關越做越小又使其越具高效。如此一來，我們就可以在相同的空間中塞進越來越多的位元。

但就算我們擁有像「高峰」那樣能容納幾百萬個晶片和幾兆個位元協同運作的超級電腦，有些事情我們還是無法辦到。位元非黑即白，非1即0。如待處理的事過於複雜或是不夠確定，你還需要更多位元加以描述，也就是說，有些看似簡單的問題，對於普通電腦而言會變得複雜到難以招架的地步。

高科技企業家胡利表示：「比方我們要從英國派你前往美國的十四個城市，

所以必須先規畫出最理想的路徑。我的筆記型電腦可能一秒內就辦好這事。但如果你出差的城市增為二十二個，而且運用同一種演算法和同一部電腦，那麼所需的時間將會長達二千年。」這就是典型所謂的「商人旅行的問題」：多添一個變數，難度即呈指數陡增。

如用傳統的設備來規畫最合乎效益的到訪城市路徑，那麼電腦就必須檢查可能組合中的每一項。因此，只要你多添加一個出差的目的城市，電腦的計算負擔變會陡然增加：十一個城市會產生兩千萬種路徑組合，十二個城市兩億四千萬種，十五個城市則高達六千五百億種。如果我們要為分子間複雜的相互作用建模（比方要精準模仿某種化學反應或者促進醫藥學的發展），就會遭遇相同困難：每次只要新增一項變數，挑戰就會大大提高。

美國物理學家理查．費曼是數一數二很早就意識到這一點的人。費曼是學術界的搖滾明星，曾研究過原子彈，獲得了諾貝爾獎，又在奈米科技方面做出開創性的成果。憑藉一頭長髮和直言不諱的態度，他甚至實現了打入公眾意識這項通常不可能完成的壯舉。一九九九年的一項民意調查將他列為二十世紀最具影響力的十位物理學家之一。

不過，最重要的是，他還是量子力學（研究縮到極小規模之物理現象所發生的奇怪事情）的領軍人物。一九八一年，他做的兩場演講（一場在帕薩迪納的加州理工學院，另一場在波士頓的麻省理工學院）標誌著量子計算研究的開端。

量子力學簡史

幾個世紀以來，物理學家都將宇宙視為一張巨大的撞球桌，原子在那上面相互彈撞蹦跳，其角度是完美的，所依循的幾何軌跡則由其速度與彈著角度決定。

原子理論可以上溯十七世紀，數學家艾薩克．牛頓以他著名的運動定律和萬有引力定律使之成為體系。

但到二十世紀初，隨著物理學家深入研究原子內部的運作情況，他們開始發現一些不符合牛頓物理學或熱力學（物質因溫度變化而產生的變化）理論的現象。在某一尺度以下，普遍的法則似乎不管用了。

量子力學的興起旨在描述構成原子的粒子之奇怪行為（提醒一下，原子由質子和中子組成，四周則有電子環繞）。物理學家有時發現，電子會像連續的光束那樣擴散開來，但有時又可以被分解為單獨的「小捆」或「量子（quanta）」（此即「量子物理學（quantum physics）」名稱之由來）。在這種情況下，它們遠非連續，而僅以離散值形態呈現，就像一輛只能以五十或六十五公里時速（無法將時速調至兩者之間）行駛的汽車，或者有如水龍頭出來的不是連續水流，而是可分辨的水滴。它們有時似乎同時處於兩種狀態，這種現象稱為「量子疊加」。

這方面的經典例證是所謂的「雙狹縫實驗」。試想一下，你面前有一面薄牆，上面開了兩道像窗戶般的垂直狹縫，而這面牆後還有另一面牆。現在，你拿起一把漆彈槍，然後像低成本動作片中的肌肉英雄那樣朝你面前的牆壁來回掃射。這時，你眼前的牆當然會被色漆完全覆蓋，而後面的牆，除了對應於第一面牆的兩條垂直縫隙的地方被漆染色外，其他地方應該依然乾淨。

然而（這是一個世紀以來推動整個量子物理學領域發展的關鍵），如果你縮小這個實驗的規模，並且發射單個電子而非漆彈，你會看到完全不同的結果。

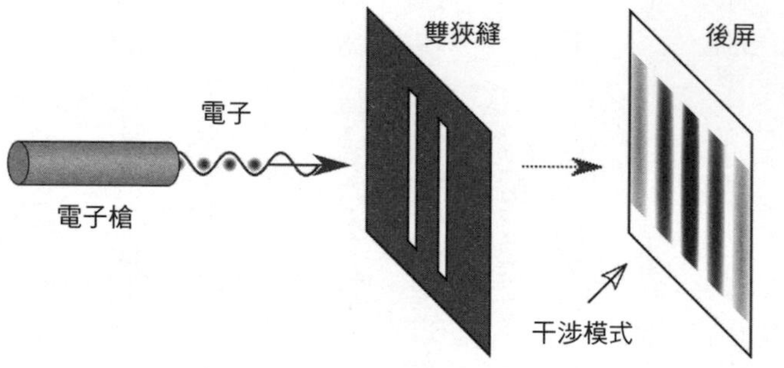

雙狹縫實驗示意圖

即使你是從其中一個狹縫中發射電子，它也會出現在後牆上看似隨機的某個地方，而不一定只出現在狹縫後方而已。只有在重複此一動作千百次後，圖案才會開始浮現，就像條碼那種明暗交替的情況。這種圖樣（稱為干涉圖樣）之所以發生，是因為電子在受觀察或測量之前，似乎表現得就像波一樣，而在觀察或測量它們時，它們又再度恢復成為顆粒。

此一初始電子波，通過雙狹縫實驗中的兩道縫後，會產生兩道較小的波，然後相互抵銷同時相互強化，就好比你把兩塊石頭扔進池塘裡，看見漣漪相互重疊並且變化。但這並不是止水表面那種真正的波。這些所謂的「波函數」並非反映物體在時間推移過程中的運動或行為，而是描述電子可能處在的所有位置，以及它在時間某特定點處於某個位置的不同概率。當我們測量電子時（電子撞擊後牆之際），波函數就會「坍縮」成一個特定的結果，就像旋轉的骰子停下來那樣。物理學家尚未解釋這種情況發生的原因和過程，或者波函數只是一種數學現象？

還是在具體世界中實際發生的事，能以某種方式觀察得到？

試想一張立體地圖，就像顯示地表山脈和山谷等高低特徵的地圖。地圖上的每個點代表一個機率幅（probability amplitude）：地形越高，電子在空間中占據該位置的可能性就越大。這個比喻中，波函數即是地圖本身，但也是一張能被擰絞和扭曲的地圖，就像聲波或水波那樣。

在雙狹縫實驗中，當這個波函數撞擊前壁的縫隙時，它會像湧高的水那樣受到擠壓。構成波函數的不同機率幅開始以複雜的方式相互干擾，彷彿你把那張立體地圖對折起來，或者將其揉成一團。

電子落在後牆特定點的機會，取決於這些機率幅相互干擾的方式。在我們普通的生活經驗中，機率只能是個正值，範圍從百分之〇（不可能）到百分之百（肯定）。但在量子的領域（電子和光子的世界）中，正如德克薩斯大學奧斯汀分校量子資訊中心的創始主任史考特·亞隆松在《紐約時報》一篇文章[1]中解釋的那樣，概率可以是「正的、負的，甚至是綜合的」。在傳統尺度上，事件的概率在0到1之間，而在量子領域中，事件的機率幅可以是正的，也可以是負的。

這意味那些機率幅除了相互強化之外，還可以相互抵銷，如此一來，事件根本不會發生，這也解釋了雙狹縫實驗中條碼圖案中為何出現空白部分。亞隆松寫道：「這就是『量子干涉』，也就是你聽說過的一切量子怪異現象背後的成因。」

我們都生活在原子的尺度中，如果你知道原子或物體的速度和方向，你就可以做出具體又相當準確的預測。但因為存在著量子干涉，意味到了次原子粒子的尺度時，就具有一定程度的隨機性。你只能知道某件事發生的粗略概率，始終無法肯定斷言。宇宙不像撞球桌。不確定性才是大自然的核心。

從位元到量子位元

到一九八〇年代，早期的電腦開始模擬氣象或化學反應，但理查．費曼看出其中的缺陷。為了精準模擬物理、化學或任何其他複雜和微小的事物，你需要一套能夠依循相同的、即基於概率的量子力學定律的模擬方式。費曼在某次演講（主題是使用電腦模擬自然時所面臨的挑戰）結束時，總結了這個問題，而這段話如今已成為量子計算知識的重要一環。他說：「真要命，大自然不按牌理出牌，如果你想模擬自然，最好從量子力學入手。天哪，這個問題真棒，但看起來可不那麼容易。」[2]

有段時間，大家大可迴避費曼的論點（至少在實踐面上如此），因為傳統電腦的發展步調似乎飛快。一九六五年，英特爾的戈登．摩爾提出「摩爾定律」，指出積體電路上電晶體的數量（代表能處理的位元數量）大約每兩年便翻一倍。

幾十年來，情況始終如此，這也是電腦技術進步驚人的推手。業界不斷將更小、更高效的電晶體封裝到結構越來越複雜的晶片上，讓電腦擁有更多存儲空間、更多記憶體，以及更高功率，以致能夠操作更強大的程式、進行更複雜的模擬。

但近年來，各種問題紛紛浮現。電晶體變得如此之小，以致我們開始遇到障礙。首先是能源。添加越來越多的電晶體會使晶片更加耗電，這代表要讓每個單獨的開關效能更高，要麼找到大幅增加電腦用電量的方法。第二個是產熱的問題。儘管晶片製造商挖空了心思，但計算執行的過程無可避免會產生熱能，這便需要更加精密的冷卻系統。

第三個是物理學本身的問題。摩爾定律正在放慢腳步，因為一旦縮到非常小的規模，物理定律就會發生變化，量子力學便登場了。這意味很難再維持以前那種大幅的改進。二〇一二年，[3]澳洲的研究人員創造出一種由單一原子組成、可在兩種狀態之間切換以表示1和0的電晶體。今天，業界已可製出小於二十二奈米（人髮厚度大約八萬奈米）的電晶體。

正如谷歌的東尼・梅格蘭特所指出的，晶片製造商別無選擇，只能正視量子效應。量子物理學將成為演算過程避不掉的部分。梅格蘭特表示：「量子領域方興未艾，但我們已讀到那麼多討論摩爾定律再也行不通的文章。到目前為止，部件不斷縮小，量子效應浮現了。在他們眼裡，這是個錯誤，但卻是我們可大加利用的東西。」

一九八五年，牛津大學的物理學家大衛・多伊奇比費曼做得更徹底。他和費曼一樣，都在量子物理學領域站上了幾乎已成為傳奇的地位（據說他幾乎足不出戶，每天守在牛津的家裡工作到半夜，思緒始終落在紅塵之外）。他大部分的研究工作都集中在「多元宇宙」的概念上（我們的宇宙只是無限個多重宇宙中的其一，每一種可能的未來都在其中一個宇宙中同時開展）。其中包括和我們宇宙完全相同的宇宙，也包括了你剛剛扔出的硬幣是正面而非反面的宇宙，還包括地球沒被彗星撞擊，且恐龍演化成智慧生物，牠們擁有汽車、飛機和微晶片的宇宙。[4]

多伊奇體認到，用量子組件構建的電腦可能比物理模擬器強大許多。這些組件（最後將定名為「量子位元（qubits）」）和非1即0的位元不同，因為它們可以是1、0，或者處於疊加狀態（即「同時為1又為0」）。

這是簡化的解釋，也是你經常在新聞文章和科普書籍中讀到的說法。不過真相有點複雜。從技術面上講，疊加狀態下的量子位元不會同時處於兩種狀態，而是它成為1的概率有多少，而成為0的概率又有多少。如果加以觀察，那麼此舉即會導致它「坍縮」為兩種狀態中的一種，就像你觀察丟硬幣的結果一樣。

基本上，你可以把量子位元想像成一個球體，1在北極，0在南極，而疊加現象則出現在球體其他一個未經指定的地點上。或者試想一枚硬幣：如果正面是1，反面是0，那麼疊加現象就是丟出後在翻轉中的硬幣，充滿潛在的、尚未實現的未來。

若與位元相比，量子位元可以更有效地保存更多訊息。要描述一個量子位元的狀態，你至少需要兩個位元（在量子位元上，0為00，1為11，疊加為01或10）。對於兩個量子位元，你需要四個位元，對於三個量子位元，你需要八個位元，依此類推。要描述三百個量子位元的狀態，你需要比已知宇宙中原子總數更多的位元。例如，你需要傳統電腦裡七百二十億個十億位元組的內存量才夠存儲與谷歌美國梧桐晶片上五十三個量子位元一樣多的訊息。東尼・梅格蘭特解釋：「我們在描述量子系統時，必須強調這種呈指數增長的數字。這就是所謂量子計算的指數威力。」

多伊奇發現，一台由量子位元而非普通位元組成的電腦，可以利用量子力學的不確定性來發揮優勢。他也體認到，量子位元電腦除了能更有效模擬自然，還能更有效處理不確定性，並以數千或數百萬倍的速度解決某些問題。它無需循序嘗試迷宮裡的每條路徑，而是高效率地、平行地同時沿著每條路徑走下去。這有點像在一本《多重結局冒險案例》中同時看到每個決策點所指向的結局。

如果多個量子位元耦合在一起，我們可以仔細編排其干涉模式，如此一來，導致錯誤答案的路徑便會相互抵銷，而導致正確答案的路徑會相互強化。結果是對於特定問題的計算能力呈指數增長。這就是為何有些人認為量子電腦遠遠超出傳統電腦的限制，能創造出強力的新材料、加速應付氣候變化並徹底顛覆加密技術的原因。

理論上，量子力學的本質對計算技術提出根本的挑戰。要進行計算，你需先能測量，並將得到的結果置入方程式的下一步驟。但是要測量疊加狀態的東西就不一樣：光子不再同時出現在兩個地方；薛丁格的貓不是死就是活。你必須在不干擾其旋轉的情況下移動硬幣。

但事實上，這是有可能的，且要歸功於量子力學另一個稱為「糾纏」的奇怪特徵。當兩道電子波相互作用時，每道電子波都會在另一道上留下痕跡。這就意味著無論兩者相距多遠，它們都會密不可分，或說「糾纏」在一起了。即使它們相隔數十億公里，但當你測量一個被糾纏粒子時，便會立刻改變另一個粒子的狀態，即兩個粒子的波函數會同時坍縮。此一觀察結果幾十年來始終困擾著物理學家。這兩個粒子之間存在某種聯繫，這代表量子訊息可以從一個地方轉移到另一個地方，而其基底的疊加狀態卻不致於坍縮。糾纏解決了量子測量的問題。這代表你可以將訊息從一個量子位元傳遞到另一個量子位元，而不至於破壞疊加狀態。

多伊奇的見解至關重要，因而到了一九九二年，世人開始關注量子計算。不過，要是沒有朱塞佩・卡斯塔尼奧利（工業控制系統製造商 Elsag Bailey〔現在是ABB的一部分〕的資訊技術部門主管），量子計算可能還停留在理論的層面。現年七十八歲，仍持續發表量子加密技術論文的卡斯塔尼奧利回憶道：「那時候我正領導 Elsag Bailey 公司的訊息技術部門，而且個人對尚處於萌發階段的量子計算深感興趣。當時我看出量子計算和通訊應用在產業上的潛力，於是開始接觸科學界。」

牛津大學量子物理學教授阿圖爾．埃克特，曾在一九九三至九八年參加卡斯塔尼奧利每年在瓜里諾別莊所舉辦的工作坊，那是一間坐落在山坡上、俯瞰杜林的旅館。埃克特回憶道：「他說服自己的公司，與其贊助幾場藝術展覽，不如贊助一系列的演講。」如今量子計算領域最有影響力的青年學者都曾在那裡共同學習，交流過思想。

一九九四年，埃克特根據他在瓜里諾別莊吸收到的一些想法，在科羅拉多州博爾德舉行的國際原子物理會議上發表演講。他首次將量子計算分解為幾個基本組塊，將其與傳統設備進行了比較，並描述了構建量子機器所需之開關和邏輯閘的類型。邏輯閘能執行諸如組合從兩個位元輸入的訊息，然後輸出一個答案，比方如果兩個輸入閘都是1，那麼就只顯示1。

埃克特的演講標誌了量子計算可能成為一項產業的誕生。他說：「那次會議好像觸發雪崩似的。突然間，電腦科學家都在談論演算法；原子物理學家看到自己可以插上一腳的機會。然後它開始延伸到其他領域，同時迅猛發展，成為你今天看到的產業。」

然而，在它脫胎成為一門產業之前，科學家還必須弄清楚如何實際構建出一個量子位元。一九九〇年代時，這仍完全停留在理論的階段。為了讓量子計算發揮作用，科學家需要找到或創造小到足以符合量子力學定律的東西，但這東西也必須大到可以被可靠地控制。這是一場把物理學和材料科學推向極限的探索。

第二章

化不可能為可能

谷歌的量子實驗室位於加利福尼亞州聖巴巴拉以北一棟米色的低矮建築裡，就在啤酒經銷商隔壁的拐角處。它看起來不像下一個科技重大突破的發源地，但在一九四〇年代，世人可能也是這麼看待布萊切利園的。裡面只見一排排凌亂的辦公桌，牆上還掛著衝浪板，到了午餐時間，一群工程師在一間以理查．費曼命名的會議室裡玩任天堂遊戲，角落還有保留給辦公室養的狗（名叫「量子位元」）的一個窩和一個碗。

真正上演好戲的地方是硬體實驗室。進入之前，你必須先通過好幾道的雙重門，瀏覽一下貼在門上那些唯有量子力學博士才能意會的笑話。實驗室裡，一切都很乾淨、潔白、精準。機器的嗡嗡聲迴盪在空氣中，一小撮人在安靜工作，神情專注到近乎虔誠的地步。谷歌的五十三量子位元「美國梧桐」晶片正是在這裡實現了量子霸權，並為電腦科學照下了新曙光。

阿圖爾．埃克特一九九四年在博爾德發表演講時，量子位元仍是一個純理論的結構。為了生產量子電腦，物理學家必須先找到構建量子位元的方法，亦即一個能在1和0之間可靠切換，也能以疊加狀態存在的單一開關。它必須小到足以符合量子力學定律，但又大到、穩定到足以可靠地受人控制。這兩個條件已經很具挑戰性了，但量子工程師還要另花時間解決第三個問題：干擾（來自外部世界而非其他量子位元）。當你在量子尺度上工作時，連最小的噪音都可能將一個量子位元從精密的疊加狀態中抖開，就像微風吹滅蠟燭或是推倒旋轉中的硬幣一樣。在產業中，這稱為「退相干（decoherence）」，通常在幾分之一秒內發生。微軟量子硬體部門的負責人切坦．納亞克說：「你一方面必須徹底隔離量子電腦的內部工作，但同時仍需告訴它該做什麼，並且從中得到答案。」

這是一個追求微妙平衡的舉措。每一次的量子計算都像一場拚了命的賽跑，得在量子位元因「退相干」而脫離疊加狀態之前的幾分之一秒內盡量執行操作。芬蘭初創公司ＩＱＭ（設立宗旨在於開發新技術以嘗試提高量子晶片的時鐘速率，並提高其在這方面的性能）的簡．戈茨解釋：「量子資訊的生命週期只有瞬間。處理器越複雜，使用壽命就越短。」

你添加的每一種新的控制方法，都會增加更多的干擾和雜訊。谷歌的東尼．梅格蘭特認為：「每次我們在其中多添一條線路，實際上都會提高退相干的機率。我們不斷在傷害設備，但能不能用什麼方法讓總體狀況變得更好？最有挑戰性的難處在於如何造出一個足夠長壽、運作時間也夠長的量子系統，讓你執行有意義的事。」

這就是為何房間大部分空間是被六個（排成兩排，每排三個）低溫恆溫器占據的原因。這些從天花板垂吊下來的金屬圓柱體都帶嵌套，從上到下略微變窄，就像一盞吊燈，而且每一具都塗上谷歌公司商標上的一種顏色。它們的功用在於，將量子晶片逐漸冷卻到比外太空更冷的溫度，並使其與熱能、噪音、振動和電磁干擾完全隔離。低溫恆溫器會將溫度逐漸降低，整部機器需要將近兩天的時間，才能將量子晶片降至十毫K（millikelvin），並需要將近一週的時間才能恢復到室溫。專注研究測量和校準系統的谷歌量子研究科學家陳宇（音譯）表示：「所有心思都花在延長系統的壽命上。」

雷射計算

谷歌在量子位元實用化的嘗試上，是多軌並行的，而雷射計算正是其中一項技術。阿圖爾．埃克特的演講啟發了許多不同方向的研究，且這些研究都是齊頭並進的，就像登山客各自沿著不同的路線登高。早在量子計算發展的初期，就已開發出數十種不同的方法，比方讓量子位元懸浮在雷射光束中或是閉鎖在鑽石裡，並從機器（原理類似核磁共振掃描儀）中數十億粒子的聚合磁力校準

（aggregate magnetic alignment）中推斷出來。有些路徑在困難的加速之前呈現較平緩的起始斜率，而其他路徑雖然初始的學習曲線比較陡峭，但隨後卻較容易擴展到數千或數百萬個量子位元（這是解決我們現實世界問題最終所需的數目）。

最早的嘗試係以離子阱（ion trap）為基礎，而該技術源自對於原子鐘的成熟研究（此項技術是在二十世紀中葉開發的，旨在透過原子內部類似節拍器的機制來提供極其準確的計時）。離子是帶正電荷或負電荷（而非中性電荷）的原子。在離子阱量子計算中，量子位元是由單獨的離子形成的，而這些離子都被保存在微孔中，再用光脈衝推動它們來回於不同的狀態間，同時阻止它們搖晃跳動，就像以多艘拖船將郵輪固定在適當位置那樣。[1] 一九九五年五月，來自奧地利因斯布魯克大學的彼得·左勒和伊格納西奧·西拉克（他們也是每年聚首於杜林之新生量子社群的成員）發表了一篇論文，[2] 描述如何透過簡單的操作將離子作為量子位元使用，以及在離子的搖擺運動中如何將1、0和疊加等狀態加以編碼，或者為圍繞該離子運行的某一電子的能階或「自旋」加以編碼。

埃克特也提到，需要建構一種特別的、稱為C反閘（CNOT gate）的量子邏輯閘。這是一種雙位元閘，而且只當第一個位元處於特定狀態時，第二個位元才會從1轉為0。傳統電腦係由單一位元組成的複雜邏輯閘網絡所建構，你可以使用所謂的「反或閘（NOR）」和「反及閘（NAND）」造出任何類型的電路。在量子領域中，與這對等的東西稱為「C反閘」。埃克特認為，如果它能實現，這意味電腦科學家將具備開始構建量子電路所需的一切。

僅僅一年之後的一九九五年，位於博爾德的美國國家標準與技術研究院（NIST）的一個團隊，成功使用鈹元素的單個離子建構出一個有效的C反閘。雷射脈衝會將電子的自旋從上變到下（或說從1變到0），但前提是離子須以某種方式振動（對應1而非0）。也就是說他們創建了一個有效的雙量子位元的量子閘，不過還需要更多東西方能造出一部可運作的量子電腦。離子阱的梯度

（gradient）可能是登上量子這座高山所有路線中，最緩和的一條，因為它不依賴任何開發中的新技術。IonQ（總部位於巴爾的摩並受亞馬遜資助，主要致力於推動量子電腦的商品化）的總裁兼執行長彼得．查普曼表示：「研發已告一個段落。我喜歡開玩笑說，IonQ 電腦的部件主要由亞馬遜負責製造和交貨，它幾乎已是現成的了。」

使用離子有利也有弊。從好的方面來說，離子不需製造，自然界多得是。查普曼說：「我們不須為製造的問題傷腦筋，自然之母自己就能生產。」就所需的屏蔽量而言，這點具備巨大的優勢，因為離子阱中的離子極不可能因環境干擾而脫離疊加狀態。

它也有不利的一面：由於離子太小，利用離子阱中的離子來進行量子計算會比較難（有人說根本辦不到），因為不容易擴充到有效之量子電腦所需的水準（這需要數百或數千個量子位元）。查普曼認為，這目標是可以實現的，辦法是製造單獨的、更小的量子設備並利用光線在它們之間穿梭傳遞訊息。

量子計算另一種早期使用的技術，為退相干的問題提供全然不同的解決方案。它不設法將量子位元與環境隔離開來，而是乾脆接受其中一些無可避免的退相干現象，並單純藉由數量的優勢來解決這個問題。

二〇〇一年，在以撒克・莊的帶領下，加利福尼亞州聖荷西ＩＢＭ的研究人員成功使用少量的液體和磁鐵製造出一台可運作的量子電腦。他們使用一顆含有五個氟原子和兩個碳原子的分子，這分子中的七個原子每一個都呈現單獨的自旋狀態。這個分子運作起來就好比一部七量子位元的量子電腦，但前提是你能夠可靠地控制它。

這當然是不可能的，然而，你只要在液體中收集幾兆個這種分子，研究人員便能加以控制，並獲致大致相同的效果。他們使用核磁共振設備（類似醫院裡的核磁共振掃描儀）來監測液體，並同時利用受控制的電磁脈衝撞擊它，將樣品中的某些分子轉變成所需要的狀態。即使只有一小部分真正進入這種狀態也沒關係，因為它們的組合信號仍然足夠強大，可以在樣本其餘部分隨機背景的雜訊中脫穎而出。約翰．格里賓在《用量子貓計算》[3]一書中解釋道：「實際上，電腦的『讀數』會對所有分子進行平均，大量的正確答案會有效掩蓋掉因退相干和其他困難所引發的、數量小得多的錯誤。」

然而這種方法大致上已被擱置，且從量子點到鑽石電腦的其他方法亦不再受人青睞。儘管離子阱早先信誓旦旦，但如今基本上也不流行了（儘管仍有包括IonQ在內的一些公司仍抓緊不放）。因此，今天該領域的主要參與者大多專注在一組稱為「超導量子位元」的技術上。

通往霸權的冷卻之路

大多數博士生只要能完成論文就很高興了。布萊恩・約瑟夫森的論文卻讓他贏得了諾貝爾獎。

一九六二年，這位二十二歲的劍橋學生正埋頭研究超導性，亦即某些材料冷卻到一定溫度以下，其電阻會降至零的現象（電阻是衡量電流通過材料之難易程度的單位，例如銅的電阻低，橡膠的電阻高，而電阻越高，保持電流流動所需的電壓就越大）。約瑟夫森在研究過程中發現，根據量子物理學定律，如果利用另一種材料將兩個超導體微弱地連結在一起，便可以生成一股永遠能通過它們的電流，而且無需進一步施加任何電壓。這種現象被稱為約瑟夫森接面（Josephson junctions），在電子和計算領域都受到廣泛應用。

雖是量子裝置，但你不需要顯微鏡就能看到（有些約瑟夫森接面像婚戒一樣大，但現在已經小到可以裝在矽晶片上）。它們還有另一種稱為「非線性」的實用特性，即無論承受多少能量，都只能被限制在兩種能量狀態（代表1和0）中。格里賓寫道，它們是「快速、超靈敏的開關，用光線便可打開。」[4]超導量子位元由這些約瑟夫森接面組合而成，它提供了一種有望比離子阱更容易擴充和縮小化的技術，因為它能更緊密與地球上幾乎每台傳統電腦內的矽基架構結合起來。由於谷歌最初只專注於研發其他方法，超導量子位元當年在谷歌內部的地位不甚明朗，而如今它卻成為這家搜索巨擘和其主要量子競爭對手ＩＢＭ的領頭羊。

在谷歌從事量子理論工作（他負責設計的一項計畫後來被稱為「量子霸權」）的塞爾吉奧・博伊索說：「每種方法都有優缺點。大家一直認為超導量子位元最接近能為我們生活提供動能的傳統積體電路。一旦我們克服了這個方法的一些缺點，就可以像傳統電腦一樣升級擴展。大家只需改進短處，就可獲得所有利益。」梅格蘭特也說過：「超導量子位元足夠大，大到你可以控制。雖說其他系統的固有誤差較低，但如果太小，你就無法透過電路加以恰當控制。」

谷歌和ＩＢＭ都使用微波脈衝來控制量子位元，並改變其處於0或1狀態的相對概率。不過兩者用的方法略有不同。吉迪恩・利奇菲爾德在發表於《麻省理工科技評論》的一篇文章中解釋道：「製程上的微小缺陷意味，沒有哪兩個量子位元會以完全相同的頻率來回應脈衝。對此有兩種解決方案：改變脈衝頻率以找出每個量子位元的最佳打擊點，就像在鎖孔中轉動一把打造得不很精準的鑰匙，直到鎖能打開為止；或利用磁場將每個量子位元『調整』到正確的頻率。」[5]

谷歌採用的是第二種方法：研究人員讓電流通過系統，藉此修改每個狀態的閾值和量子位元之間的連接強度，以便它們能糾纏在一起。谷歌的量子位元更快、更精確，但從長遠來看可能不如ＩＢＭ的方法可靠，因為後者採用的是改變脈衝頻率這種更簡單、更穩定的技術。

事實證明，解決這項技術挑戰還只是將問題解決掉一半而已。超導量子位元所依賴的現象只會出現在極低的溫度下，這就是它難以順利到位的一個原因。梅格蘭特說：「我們已經提前解決這一領域大部分的問題。當你想辦法要造出單一個量子位元時，所有問題都會在第一天浮現。你得埋頭苦幹才能讓它拿出良好的成績。」

谷歌五十三個量子位元的美國梧桐晶片，儲放在實驗室一個巨大低溫恆溫器的底部，其溫度維持恆常不變。與其前身「刺果松」晶片一樣，美國梧桐也是在加州大學聖巴巴拉分校製造的，就像奧利奧夾心餅乾一樣，形成微弱連結的約瑟夫森接面。在顯微鏡下，每個量子位元看起來都像一個微小的銀色加號，並用細線連向晶片邊緣。它們最終會連接到纏結的藍色電線上，而後者再將微弱的信號從量子位元傳送到每個低溫恆溫器周圍機器架上的某台機器，同時將信號加以放大。

為一台機器布線耗時長達兩週。為增加量子位元的數量，谷歌需找出一種占據較少空間的布線新方案，或者找出一種從低溫恆溫器內部控制量子位元的辦法。梅格蘭特說：「如果你把冷卻溫度降到十毫K，很多東西都會凍壞。」微軟和谷歌現在都致力於開發能在較低溫度下運作的典型晶片，以便在不增加干擾的前提下控制量子位元。

哈利波特和失蹤的馬約拉納

過去十年，已有多家公司聲稱自己的量子位元數量不斷攀升，競爭態勢愈演愈烈。二〇一六年，谷歌用九個量子位元的電腦模擬一個氫分子。二〇一七年，英特爾掌握了十七個量子位元，而IBM則造出一片五十個量子位元的晶片，同時可以保持其量子狀態長達五十微秒。二〇一八年，谷歌推出七十二個量子位元的處理器「刺果松」，到了二〇一九年，ＩＢＭ推出了其第一台商用量子電腦，即受到媒體熱烈追捧之二十個量子位元的 IBM Q System One。

D-Wave 是一家總部位於加拿大的公司，先前一直是局外人。自一九九〇年代後期以來，它一直在銷售商用量子電腦，並聲稱其設備安裝了好幾千個「退火量子位元（annealing qubits）」，但這些不同的技術僅適合解決某些類型的問題。IonQ 的彼得・查普曼將其比作繪圖計算器和電腦之間的區別。

蘭開斯特大學量子技術中心主任羅伯・楊，指責一些公司所宣布的研發成果根本缺乏可信度。他說：「問題的關鍵點在於如何以不聳動的方式發表你的成果。」

誠然，就像ＩＢＭ歐洲研究中心科技部門負責人海克・瑞爾所說的那樣，量子位元的數量並不像「量子體積」（即量子位元在退相干前可做的有效計算）那麼重要。量子體積是量子位元數量、量子位元連接方式以及量子位元準確性和可靠性的組合。瑞爾表示：「量子位元的數量當然很重要，但並非唯一重要的。量子體積能告訴你，在錯誤抵銷掉成果前，你可以用設備進行多少有效的計算。」

即使谷歌採用一切可行的技術來保護其量子位元免受干擾，但錯誤率依然高得驚人。量子位元通常最後會落入錯誤的狀態，或者在錯誤該出現前退相干。更正這些錯誤並非不可能，但要做到這一點，你需要更多的量子位元，以及更多用來更正的量子位元。

還須注意一個重要的區別：一方面是量子晶片上的物理量子位元數量，另一方面是這些物理量子位元能供你操作的邏輯量子位元的數量。例如，谷歌的「美國梧桐」晶片可能有五十三個物理量子位元，但由於需要保留多個量子位元投入錯誤更正，因此就技術層面而言，並不等於五十三個位元的量子電腦。影響力巨大的量子理論學家彼得・秀爾說：「如想掌握幾百個邏輯量子位元，你得先有數以萬計的物理量子位元，而我們離那目標還遠得很。」照目前的錯誤率來看，你需要幾千或幾百萬個量子位元來運作現實世界中可能有用的演算法。這就是為什麼創造「量子霸權」一詞的物理學家約翰．普雷斯基爾，會將我們這時代稱為「嘈雜中型量子」（noisy intermediate scale quantum，簡稱ＮＩＳＱ），其用意在指出，我們離實用設備的問世還有很長的路要走。

這也是微軟堅信超導量子位元是條死胡同的原因。切坦．納亞克認為：「目前還看不出未來有機會能將量子電腦投入商業量產，今天無法解決的問題別指望靠它解決。」不過，在華盛頓州雷德蒙德微軟的龐大總部裡（規模如此之大，來往會議之間最快捷的方式竟是搭乘優步），研究人員正在測試一台看起來與谷歌那一台非常相似的低溫恆溫器。如果計畫順利進行，它將容納一個類型非常不同的量子處理器。若說谷歌攀登的量子高山是陡峭的，那麼微軟攀登的那一座則是難上加難。微軟並未使用超導量子位元，而是嘗試利用一種不同類型的量子位元：「拓撲量子位元（topological qubit）」。唯一的問題是，這種位元實際上可能不存在。微軟量子軟體部門的總經理克里斯塔．斯沃爾表示：「也許我們是在跑馬拉松，而非衝刺比賽。」

如果真能造出拓撲量子位元，那將是替代超導量子位元的更強大方案，因為前者比較容易維持疊加狀態。這樣一來，你需要的量子位元便少了十倍。這是根據所謂「馬約拉納粒子」的理論所提出的量子位元（該粒子可同時在多個位置對量子位元的狀態進行編碼）。納亞克用哈利波特的比喻加以解釋。他說：「故事裡主要的反派角色佛地魔將自己的靈魂撕裂成七個分靈體，然後將其擴展開來，這樣他就殺不死了。我們對拓撲量子位元所做的工作是將量子位元擴展到六個馬約拉納粒子上。那就是我們的分靈體。如果只在某一位置或另一位置消滅單一的分靈體，實際上你是無法殺掉佛地魔的。我們的量子位元仍會存在。」

唯一的問題是，科學家仍然不能完全確定馬約拉納粒子是否實際存在。它自一九三〇年代以來就被理論化了，但實驗證據並非無懈可擊。儘管如此，納亞克和斯沃爾在二〇二〇年一月的對談中，依然對此充滿信心。納亞克說：「我們不是摸黑尋覓，盼望能找到它，而是以模擬實驗為依據。」

儘管目前超導量子位元似乎占了上風，但仍不清楚未來哪種技術將成為量子電腦的主流。胡利表示：「我們身處的時代不是AMD在對陣英特爾，而是真空管在對陣小型機械閘（mechanical gate）。」在這些不同的技術中，有些會突破，有些則會停滯不前，可能需要幾十年的時間，情況才會明朗。他說：「這些技術互別苗頭，也許最終在某個時間點，我們夢寐以求、擁有數百萬量子位元的機器以及通用型的量子電腦便出現了。」

比方，離子阱計算技術的最新發展，有助其開發具有數千或數百萬個量子位元的量子設備。二〇二〇年六月，薩塞克斯大學的衍生企業「通用量子公司」（簡稱UQ）宣布獲得三百六十萬英鎊的資金，且將用於研發一種新型的離子阱計算。它的方法似乎結合了谷歌和ＩＢＭ超導技術的精華以及IonQ離子阱計算的技術。

ＵＱ的共同創辦人兼首席科學家溫弗里德·亨辛格指出，谷歌設備最大的條件限制不是量子晶片本身，而是冷卻系統，因為量子位元的數量增加後，這系統就必須跟著越變越大，如此方能冷卻更大的區域。由於ＵＱ採用離子阱技術，因此不需要如此高端的冷卻技術，同時它也找到了一種巧妙的方法來解決擴展性的問題。該公司不依賴雷射光束（在一個完整尺寸的量子設備中，需要用數百萬道光束來支撐數百萬個量子位元），而是使用電場來控制位元。他們用微波來讓量子位元移動於不同能量狀態之間。其技術重點不在利用微波脈衝準確擊中個別的量子位元，而是利用電場將量子位元推入一種特定狀態，讓它們能接受整體的微波脈衝。這與谷歌使用微波脈衝調整其超導量子位元的方式並無不同。ＵＱ正致力於創造可以串聯起來並快速擴展的模組，以便在模組之間傳遞訊息，而在這種情況下，離子被迫跳過模組間的微小間隙，好比神經傳遞質在大腦突觸之間跳躍那樣。

未來無論走哪條路，過去四十年的理論建構和二十五年的尖端硬體開發都將該領域導入了一個關鍵點。量子霸權意味著，開發中的演算法可被測試以及改進，並且在我們等待硬體水準趕上來的同時，量子計算已能開始在現實世界中對於從醫學到交通控制的所有領域發揮小小影響。東尼．梅格蘭特說：「量子霸權是我們進入『嘈雜中型量子』時代的信號。現在你已掌握這個足夠大的系統，不需要用到筆記型電腦，你就可以玩了。」

第三章

指數威力

二〇〇〇年五月，位於新罕布夏州彼得伯勒的克雷數學研究所，公布了一組七個似乎很棘手的數學問題，並願頒發一百萬美元的獎金給任何能解決這些問題的人。迄今為止，只有低調的俄羅斯數學家格里戈里・佩雷爾曼成功破解這個「千禧年大獎難題」中的一道，即「龐加萊猜想」，但他拒絕領取獎金，並從此退出這一領域。

在該研究所設下的所有挑戰中，最重要的當推「P對NP的問題」。P指的是電腦在「多項式定時」內可以輕鬆解決的所有數學問題。對數學門外漢而言，這個概念有點棘手，但基本上指的是像「高峰」這樣的超級電腦在合理時間內可以處理的一切問題。至於NP問題則指在合理時間內不容易解決的問題，不過當你看到一個可能的答案時，很容易便能檢查出該答案是否正確。

因數分解是NP問題的一個典型例子，也就是將一個數字分解成盡可能小的質因數。例如，三十五的質因數是七和五，即這兩個數相乘可以得到三十五，但它們本身已不能再被任何其他數字整除。在計算上，找出質因數是相當困難的，因為似乎沒有真正的公式可用，所以你必須先排除所有二的倍數，然後是三的倍數，依此類推，直到只剩下質因數為止。如果數字不大還不要緊，但數字一旦變大，挑戰即呈指數增長。不過，檢查求得的答案是否正確倒不難，你只需將質因數相乘，看看結果是否與原先的數字相符。

數學家多年來一直在爭論P是否等於NP。想拿一百萬美元獎金的人必須無懈可擊地證明每個容易驗證的問題也都容易解決，或者相反。如果P等於NP，那就代表電腦可以解決大量看似不可能解決的問題，只是我們尚未找到正確算法而已。如果P不等於NP，那就意味某些計算上的挑戰可能超出我們能力範圍以致終將無法解決。量子計算的魅力一部分在於，只要我們找到正確的演算法，它就可以讓一些NP問題以接近合理的時間得出答案。

一般人會有重大誤解，以為量子電腦不過是一種速度更快的超級電腦，而且我們可以將這種新技術應用於今天遇到的所有問題，並以數千或數百萬倍的速度求得答案。可惜事實並非如此。德克薩斯大學奧斯汀分校的量子計算研究員安德里亞・羅凱托說：「量子電腦的優勢在於處理比一般NP問題具有更多『結構』的其他NP問題，也就是說，你可以利用量子電腦減少有待解決的問題的計算步驟。」

羅凱托認為，因數分解處於下面二類問題的邊界上：一邊是結構如此之多，以致很容易找到有效解答的問題（P問題），另一邊是幾乎沒有結構可言，甚至連量子電腦都找不到可供切入的施力點的問題。他說：「量子電腦需要結構。沒有結構就無計可施，它畢竟不是魔法盒，不是無論你丟什麼問題給它，它都能迎刃而解。」數學家和電腦科學家的責任在於找出聰明的演算法，以便偵測和利用NP問題的結構，並將其帶入量子電腦可及的範圍內。一九九四年，貝爾實驗室的一名研究人員成功做到這點，他的發現可能對量子計算、密碼學，以及其他更多領域產生巨大的影響。

Q值

彼得．秀爾是數學家、業餘詩人，以及史上數一數二最有影響力的演算法發明人。一九九四年，秀爾還在貝爾實驗室（即貝爾電信公司聲譽卓著的研發部門）服務，當時曾在那裡參加過幾場關於量子加密技術的演講。他在大學時代曾研習量子物理學，並對量子計算未來的應用潛力很感興趣，而如上文所述，這興趣乃源於量子干涉的奇怪特性，也就是說，一個光子可能採取不同的潛在路徑相互干擾，然後最終產出一個結果。儘管離實體量子電腦上市的目標還有幾年的時間，但秀爾和其他人已開始思考可運行其上的演算法，還有這些演算法能做些什麼。

最簡單形式的演算法只會遵循一組操作指令或規則來解決問題，然而量子演算法必須根據量子力學的獨特屬性加以設計。秀爾解釋：「量子電腦在其基本演算法中運用干擾，它可以經由各種不同的路徑執行計算，而每條路徑都有一個對應的相位。如果能以某種方式安排計算，以便所有正確答案都具有相同的相位，那麼得到正確答案的概率就會增加。」

秀爾的演算法正是應用這種洞察力，來創造一種分解龐大數字的方法。它採用一系列的數學技巧，將要被分解的數字變成以固定順序重複之較小的數字「波」。他體認到，這個波的節奏與頻率（稱為波的週期）與原始數字的因數有關。秀爾將這比喻為「繞射光柵」，這是一種像稜鏡那樣將光分成不同波長的物理設備：白光從一端射入，另一端則出現彩虹。特定波長的所有光線會在空間中的某個點被放大，而另一波長的所有光線則在不同的點被放大。秀爾演算法的表現就像一個數學稜鏡：龐大數字從一端進去，因數則從另一端出來。

秀爾的方法如用在傳統電腦上會是既麻煩又無效率，但最重要的是，它的結構可以讓相關的不同計算在量子電腦上同時執行。羅凱托認為：「這個例子首度證明，傳統電腦需要擴展指數資源而量子電腦不需要。」相較於傳統電腦，秀爾的演算法能以指數方法快速分解龐大數字，換句話說，數字越大，它呈現的優勢就越大。這在整個量子界引發了一波衝擊，並且因為它對網絡安全的影響，所以很大程度上也推動了該領域，我們將在下一章詳細介紹。羅凱托說：「這在該領域引發很多關注，無論是在理論上，或在商業、國防上。對這兩方面來說都是一大突破。」

事實證明，你很難找到同樣重大的突破。迄今為止，其他開發出來的量子演算法，大多數只有二次方加速的進展，而不是秀爾演算法的指數增長。羅凱托說：「二次方加速（我們藉此改進傳統演算法的運算時間，但仍不足使其變成簡單的問題）在現實世界中可能非常重要。此種二次方加速較難檢測（這與實際上的嘗試有關），不過依然非常重要。它們可以幫公司節省大量的資金。」

一九九六年，貝爾實驗室的另一位研究人員設計出一種演算法，它有助於我們了解，谷歌為何要投入如此多的資金來打造量子電腦。洛夫．格羅弗向世人證明，量子電腦如何用來大幅加快無序資料庫的搜索速度。如果你將一本電話簿輸入傳統電腦，並要求它找出一個特定號碼，那麼它必須依序檢查每一項條目，直到找到正確的那項為止。你也可以使用多個處理器來加速搜尋過程，例如一個從列表的頂端開始，另一個從底端開始，但所需的平均時間仍然隨著要搜索的列表長度變長而迅速增加。

格羅弗的演算法是一種使用量子干涉的功能來搜索資料庫的方法。藉由對列表中的每一項目進行疊加編碼，我們即可操縱它們的波，讓錯誤的答案相互抵銷，也讓正確的答案相互強化。這一方法過於複雜，無法在此詳細描述，但其影響是巨大的。經過多個處理步驟，正確答案就會排到最前，彷彿電話簿中所有的其他號碼都慢慢消失了。格羅弗表示，傳統電腦平均需要查看五十萬個條目才能在長達一百萬個條目的列表中找出正確的那個，但採用其演算法的量子電腦，只需搜索一千個條目即可。它為傳統設備進行二次方加速。量子設備只需要查看條目數量的平方根，也就是僅用二十個量子位元來處理一百萬個條目。

秀爾和格羅弗一起為量子電腦配備了兩種強大的武器，有望改變從密碼學到金融的所有事物。不過話說回來，這還只是紙上談兵。在現實世界中，事情要複雜許多，因為方程式和優雅的演算法會與現實相抵觸。

誤差範圍

秀爾和格羅弗的演算法是為完美的量子電腦而設計的。然而一九九〇年代中期編寫該演算法時，這樣的電腦並不存在，而且直到現在依然如此。雖然有人聲稱世界已經跨入量子霸權的時代，但其實我們仍處於「嘈雜中型量子」的階段，而這意味著，最好的設備依然嘈雜且容易出錯，也就是說，其量子位元仍會轉到錯誤狀態或者滑出疊加狀態。即使是最好的量子電腦（冷卻到幾乎不可能達到的溫度並隔離在防護罩後面），錯誤率還是太高。約翰．普雷斯基爾在二〇一九年的一場演講中提到，[1]在採用當時最佳硬體的量子系統中，每一個雙量子位元閘的錯誤概率約為百分之〇．一。同樣，每一次量子測量的錯誤概率約為百分之一。由於這種概率太高，所以毫無用處可言。羅伯．楊認為：「理論遠遠領先實驗。真正關鍵的問題是，當今構想的演算法，絕大多數遠遠超前於真實量子系統的性能，所以你不知道它們是否真的堪用。」

長期以來，很多人認為錯誤更正是個無法克服的問題，也是量子計算的嚴重缺陷。有些研究人員仍相信這點。耶魯大學教授吉爾．卡萊二〇一九年曾告訴《連線》雜誌：「根據我的分析，僅具備幾十個量子位元的嘈雜量子電腦所擁有的計算能力如此原始，根本不可能拿來當作構建更全面的量子電腦系統的基石。」[2]

傳統電腦當然也會出錯，但是其中有完善的系統可加以識別、更正，所採用的辦法是：同一訊息發送多個副本，並比較其間的差異；或者多次發送一組數字給每個位元，即使有一兩個隨機彈脫，整個訊息仍然清晰可辨，不然，還可使用所謂的同位位元來檢查訊息是否已獲正確接收。

然而，這對量子電腦不起作用，因為那些系統每一個都涉及位元測量，因此導致位元脫離疊加狀態，將一些好處都抵銷掉了。有時只需將每個計算過程重複數百次或數千次，即可降低一些錯誤，這正是谷歌研究人員在量子霸權的實驗中所做的，也就是說，重複測量有助於分開信號與雜訊。但是降低雜訊並不能解決問題，如果你嘗試將其擴展到包含更多量子位元、更大的設備時更是如此。

不過，秀爾和其他人的出色研究證明，如果你有足夠的量子位元，更正量子錯誤並非辦不到。喬治・強生在他寫的《時間捷徑》一書中解釋道：「為防止多重錯誤的出現，每個量子位元都必須動用幾十個冗餘的量子位元加以包圍，而且一旦發現錯誤，還要擔心更多錯誤混入更正的過程中。如要防範這種情況，你還需要更多冗餘的量子位元。」

這些錯誤更正的設計原理，是在不影響計算的情況下測量錯誤，所使用的「同位位元」並非計算的一部分，不過如果出現什麼差錯，這些演算法就會受錯誤的影響。這類似於信用卡卡號所採用的辦法，也就是說，卡片正面那一長串號碼的前十五個數字，是由你的銀行以及發卡機構決定，而最後一個數字，卻是由前十五個數字輸入特殊演算法後生成的。如此一來，有資格處理某張信用卡詳細資訊的人或機構，即可在不知道原始卡號的情況下檢查錯誤（不過還需其他額外資源，而就這個例子而言，即是卡號外的其他數字）。

秀爾指出：「錯誤更正的問題在於，如果你想更正錯誤，卻沒能掌握非常精確的量子閘，那就會造成龐大的開銷。那將令所需之量子位元的數量大幅增加，並令電腦運作所需的時間爆增數千倍或數萬倍。」秀爾的演算法在理論上只需動用幾千個量子位元，但根據博伊索的看法，在操作面上，你需要的遠比那個更多（可能高達一百萬或更多的物理量子位元），這樣在分解龐大數字時才能處理錯誤更正的步驟。他說：「談到實際的應用面，你必然需要一台容錯的量子電腦，或在演算法本身能取得突破性的進展。」有些人已開始研究容錯的演算法，且由於其獨到的編寫方式，這些演算法自然可以防止錯誤。不過即便如此，我們也需要大幅改進基底的硬體。儘管谷歌已成就了量子霸權，但在「嘈雜中型量子」的時代裡，我們離實用量子電腦的境界還有很長的路要走。

但這並未阻止各公司繼續前進，而它們也設法將自己學到的一些量子計算技術，應用在減少交通阻塞乃至診斷癌症等各方面。

減少交通阻塞

西雅圖是一座正被大型科技公司吞噬的城市。微軟在雷德蒙德的總部以及亞馬遜事業昌盛的基地都位於這座城市，到處看得到一大堆起重機和建築工事，而那裡的港口環境和惡劣天氣原本已造成交通問題，如今許多道路又被封閉，這類問題就更形嚴重了。若該市眾多橋樑之中有一座發生事故，即可能很快導致長時間的交通阻塞。

地圖應用程式旨在可能出現交通延誤時，重新安排駕駛人該走的路線，但實際上會讓問題變得更糟。這類應用程式很不體貼。你請求指引路線時，谷歌地圖會為你提供當下最快的走法，而不考慮你的走法是否會耽誤其他使用者的行進，也不考慮幾百輛車同時湧進同一路段可能造成交通阻塞的麻煩。換做一個更平衡的路由系統，它會周全地合併考慮每一個路由請求，並在衡量交通阻塞狀況最小，以及保持最快流量的前提下，建議使用者路徑。但在執行面上，這會遇到一個實際的障礙：此類系統需要高度的演算能力，也就是所謂的優化問題。這些問題的類型包羅萬象，從確定送貨司機停駐點之最佳的先後次序安排，到你在派車出任務時，得先確認車後可容納多少包裹。將效率最大化或是將成本最小化的每一件事都是優化問題，如今它們主要都是以反覆試驗的方式加以解決。

說到與優化相關的問題（包括大家耳熟能詳的出差路線安排，參見第一章），大多數都不具備能讓量子電腦以指數方式快速運算的底層結構，所以相較於傳統電腦，量子電腦並無過人之處。但根據薩巴塔計算公司克里斯托弗・薩瓦的說法，量子電腦當然可以更快解決這些問題，並算出更好的答案。此外，即使我們仍生活在前量子電腦的時代，然而一些已經設計出來的量子演算法，可以導入傳統的硬體上，用於解決現在較簡單的優化問題。

例如，微軟的量子研究人員與福特公司，曾在二〇一八年合作執行一個旨在改善西雅圖交通流量的計畫。他們在虛擬的城市交通模型中，模擬超過五千輛運行中的汽車，每輛汽車同時請求在十條不同的路線中，為其指出最省時的一條。據微軟稱，如果使用量子原理的演算法而非目前有欠體貼的路由系統，交通阻塞的情況可以減少百分之七十三，通勤時間減少百分之八，而且，如果在現實世界中付諸執行，這些駕駛人每年則可省下五萬五千多個小時。微軟量子業務部的研發總監本．波特解釋：「量子領域最亮眼的探索成果即在優化，因為每個產業都會出現這些類似的複雜問題。無論牽涉到的是汽車、航太或是公用事業，都有富饒的新天地等我們去探索。」

金融服務是未來量子電腦另一個可能發揮重大影響且有利可圖的領域。二〇〇八年金融危機的部分起因，是銀行和監管機構無法正確分析複雜系統中的風險。ＩＢＭ研究人員一直在測試量子演算法，看看它在執行蒙地卡羅模擬法時，是否比傳統演算法表現得更出色。該模擬法是一種分析風險的常用手段，但因為會針對特定狀況進行數百萬次的模擬，通常需耗費數天的時間。ＩＢＭ數學家斯特凡．沃納說：「量子電腦可以提供二次方加速，它不需要處理幾百萬個狀況，只需要分析幾千個即可達到相同的精準度。」[3]這足以讓蒙地卡羅模擬法完成一件任務的時間，從一整夜縮短到幾乎即時完成的水準。讀者不妨想像這對股市交易業者的影響。

但量子計算最令人振奮的地方，也許是它在機器學習領域上的應用。幾十年來，傳統電腦的演算法都是人工編寫的，由程式員精心製作，就像廚師寫下詳細的食譜那樣。然而，隨著計算力變得便宜，人工智慧和機器學習便脫穎而出。現在，從臉部辨識到線上翻譯這一切背後的演算法，更有可能是根據大量數據、訓練一套通用程式來創建的。這些技術威力十分強大，例如，它們分析掃描結果，可以比人類專家更成功地診斷出肺癌。不過這些程式的好壞取決於你提供給它們的數據。如果數據不夠好，或者基礎數據有所偏差，你最終導出的演算法就會有缺陷和偏差。

通過所謂「生成建模（generative modelling）」的過程，量子計算提供了一種可能：創造現實世界中實際上不存在的數據。這個過程已經可以在傳統的電腦上執行，但是量子設備可以更快、更大規模地完成。薩瓦解釋：「如果我們有一份包含一百件東西的樣本，那就可以使用生成建模法來創造相似的東西。」量子電腦的額外能力可根據有限的數據集進行推斷，並為機器學習的演算法提供數據，哪怕我們並未掌握那些數據。薩瓦又說：「如能強化這一功能，我們便能利用很少的數據來辨大事，例如利用核磁共振掃描儀找出罕見的肺癌，或是在很多張側面臉部照片卻沒有正面照片的情況下，進行臉部識別。」薩瓦認為，這就像做出與實物一樣好的深度造假。

正如深度造假這技術所體現的那樣，人工智慧和機器學習等工具可能非常有益，但也可能造成巨大的破壞，一切取決於誰在利用這些技術。量子電腦也可能產生同樣的影響。如果它發揮功效，無疑會帶給生物學、化學和物理學等領域好處。然而，要是把威力如此強大的機器交在少數幾家大公司或國家政府的手中，那麼必然會有風險。有人擔心，量子電腦也可能顛覆銀行系統乃至軍事機密等領域的安全防護。

第四章

破解密碼

二〇一三年六月，美國的吹哨人愛德華·斯諾登向媒體公布了數千份與美國國家安全局業務有關的機密文件。隨著美國國家安全局對於本國和他國公民的監視行動曝光，這批文件在新聞界激起軒然大波，也造成全球政治圈的震撼。斯諾登被迫流亡。這一著名事件同時也是全球爭奪量子技術優勢的關鍵時刻。一方面安全機構儲存大量數據，希望有一天能很快擁有一台可以將其解碼的電腦，另一方面，研究人員也爭先恐後開發量子安全通訊和加密方法。

根據華盛頓智庫新美國安全中心的分析報告，[1] 斯諾登的爆料嚇壞了中國政府，以至於後者開始尋找本土網絡安全新的解決方案，以便保護自己免受美國國家安全局的窺探。該篇報告的作者艾爾莎·卡尼亞和約翰·科斯特洛寫道：「中國領導人似乎希望量子網絡能充當屏障，以保護重要通信的『絕對安全』。」

由於量子電腦的出現，尤其是彼得·秀爾這個人的出現，許多國家所依賴的安全協定可能很快就會遭受威脅。秀爾在一九九四年編寫因數分解的演算法時，立即引起了國防工業的注意，因為它有可能破壞支撐我們大部分網路安全設施的基底加密技術。

各類敏感資料（從軍事文件到信用卡號碼）大都用難以因數分解的龐大數字作為保護密碼。這種方法稱為「RSA加密術」（也稱為「公鑰加密術」），是合併其發明者羅納德・里維斯特、阿迪・沙米爾和倫納德・阿德爾曼等人姓氏字母而成。在RSA問世之前，如果你想發送一則編成密碼的訊息，你需要透過一系列明確定義的步驟來傳遞文本。這可能只是一些簡單的動作，比如轉換字母，用A代B、用B代C等等，但也可能利用較複雜的方法。如下是一種難以破解的方法：將文本轉換為一長串的數字，然後再乘以或是加上一個隨機數字。只有知道這個隨機數字（稱為「密鑰」）的人，方能輕鬆解密並且閱讀消息內容。但這種方法面臨如何將鑰匙交給收件人而不被截獲的挑戰。過去，銀行會僱用快遞員帶著上鎖的公文匣來分派新鑰匙。

ＲＳＡ為公鑰加密術提供了一種實用的方法，即所謂的「非對稱加密術」。在公鑰加密學中，為訊息加密的指令是公開的，但解碼該訊息的方法卻是祕而不宣的。科學家花了數年時間才想出一種解決方案，即應用因數分解的辦法。個人可以將兩個大的隨機質數相乘來創造公鑰。發件人設備上的編碼演算法，會以收件人的公鑰來加密訊息，例如將文本轉換為二進位碼，然後將該公鑰添加到數字中（實際應用時會有更多操作步驟）。

所以，當你用 WhatsApp 發送訊息時（訊息平台使用點對點加密），手機會先檢查收件人的公鑰，並用它來加密你的訊息，然後將訊息發送給對方的手機，而那手機將使用相應的私鑰對其進行解密。解碼訊息必須先知道用來設定公鑰的原始質數，以及那些永遠保存在收件人設備中的質數。

只要龐大的數字難以被分解成質數，ＲＳＡ加密技術就牢不可破。但秀爾的演算法在理論上是能讓情況改觀的。二〇一八年十二月，包括科學院、工程科學院，以及醫學科學院之美國國家科學院所公布的一份報告估計，[2]如果使用秀爾的演算法，具有兩千三百個邏輯量子位元的量子電腦可以在不到二十四小時內破解一千零二十四位元的RSA加密內容。其他主要的加密模式（例如AES-GCM）可能輕易就被格羅弗演算法破解，因為該演算法可以更有效地窮盡一切辦法搜索出正確的密鑰，不過話說回來，你得先擁有一台功能十分強大的量子設備才行。

秀爾和格羅弗的演算法是在一九九〇年代中期編寫出來的，在那時候，用威力足夠強大的量子電腦來執行這些演算法仍是一個遙不可及的夢想。但是，他們的發明除了吸引資金投入研發此類設備的研究和工作外，還提供足夠的動力來啟動一種全新的網路安全學門，即「後量子密碼學（post-quantum cryptography）」。

讓加密演算法更有效抵抗量子攻擊的方法有許多種。最簡單的方法是加長密鑰，使其更難破解：將密鑰的長度加倍，如此一來，格羅弗演算法搜索到正解排列組合的數目就變成平方倍數。美國國家科學院的報告表明，將一千零二十四位元之ＲＳＡ的長度增加四倍就代表需要四倍的量子位元和六十四倍的時間方能破解。但是量子電腦發展速度很快，所以這種方法也許只能爭取到一點時間。因此，到了二〇一六年，美國國家標準與技術研究院（簡稱ＮＩＳＴ）發起了一項為期八年的競賽，[3]旨在尋找類似ＲＳＡ並可杜絕量子破解的演算法。此舉吸引了數十個候選計畫，名稱從「蜥蜴」、「佛羅多」到「獵鷹」等林林總總，而採用的大量方法從基於「格密碼術」到「超奇異橢圓曲線同源密鑰交換術」都有。一般來說，關鍵在於找出量子電腦底層結構無計可施的新加密形式（即使對於具備數千或數百萬量子位元的設備而言，破解的困難度仍是指數級的）。安德里亞・羅凱托表示：「我們必須過渡到杜絕量子干擾的加密標準，就此而言，這將是一大變革。」

ＮＩＳＴ設定的目標是，在二〇二四年之前發布加密演算法的新標準，一般預計，各公司不久之後將開始在軟體上用它來取代ＲＳＡ以及其他易受攻擊的加密技術。不過，對於那些已被儲存起來、並待將來破解的信用卡卡號、密碼或是政府機密而言，這種新的保護措施可能還是鞭長莫及。但是，當真正能夠執行秀爾演算法並破解RSA加密技術的量子電腦造好時，可能也沒什麼新東西可供它破解的了。

量子網路

二〇一六年八月，中國從戈壁沙漠的發射台將世界第一枚量子衛星送入太空。「墨子號」在五百公里的高度環繞地球，代表的是一種強大意圖，不妨定義為下一世紀科技競賽的鳴槍起跑令。量子電腦是否能夠破解新形式的加密演算法？還有待觀察。但科學家抱持的並非碰運氣的心態。中國的研究人員正設法利用「墨子號」落實一種不同類型的量子技術，以開發徹底牢不可破的安全通訊新形式。

「墨子號」的功能在於量子密鑰分發（quantum key distribution），其運作原則是：只要從一開始就讓它無法取得密鑰，那麼即使再全能的量子電腦，也無計可施。這是一系列研究中的最新成果，而其方法在於將密鑰從發送方傳輸到接收方時，使用處於量子疊加狀態的光子，因此不可能在讀取密鑰時，卻不改變其傳達的內容。如果攻擊者妄想攔截，疊加狀態將崩解為1或0，並留下更動過的顯著跡象。在量子密鑰分發的過程中，訊息本身仍使用一般的傳輸管道，不同之處在於進行通訊的密鑰運用了量子技術。

單從理論上看，這項技術可以維繫一個徹底保障通訊管道安全的全球網絡，也就是一個訊息無法被破解的量子網路，而對於害怕斯諾登式洩密的政府而言，那更是一個避風港（至少對於那些可以拿錢解決問題的政府而言確實如此）。

然而，量子通訊面臨一個問題：光子很容易被環境中的物體吸收或是偏移，這表示，量子密鑰如果沒有額外助力，只能短距離傳輸。你無法輕易提升信號功率與強度，因為光子是光的最小單位，一旦增加更多功率和強度，信號很可能會被攻擊者攔截。這些人利用鏡子吸走光子，而你通常渾然不覺。傳統的通訊網絡，在輸送的各階段使用中繼器，以複製和重傳的方式增強信號，但這也不適用於量子密鑰分發，因為複製訊息需要先加測量，這會導致光子脫離疊加狀態。相反地，與其設法在信號仍處於疊加狀態時傳遞出去，不如在各階段對其進行解密，然後將其重新加密成為新的量子狀態，以供下一階段使用。

然而，這反過來又打開了看似牢不可破的系統，也就是在訊息被解密和重新加密的點上遭到竊聽。研究人員一直在努力開發「量子中繼器」，以便讓訊息一方面保持疊加狀態，一方面還能放大它。這項技術已在理論上確認可行，然而事實證明，原型機就沒那麼容易做到位。同樣值得注意的是，雖然訊息本身是通過量子力學原理發送的，這不代表整個系統就牢不可破了。

ＩＢＭ研究員查爾斯．班尼特（其研究對啟動量子加密以及通訊領域具有重要影響）指出，早期量子密鑰分發的物理實驗存在一個缺陷。在該實驗供電的過程中，用於產生光子的元件會產生微弱的嗡嗡聲，而且音量會隨施加電壓的強度而變化。他在朱利安．布朗的《探索量子電腦》中告訴作者：「密碼系統很難絕對安全：你必須對各種可能的攻擊保持警覺。因此，雖然你無法竊聽光子，但你可以單純從嗡嗡聲找出通過系統的資料數據。」

然而，這些潛在的缺陷並未妨礙各國（尤其是中國）在量子通訊方面取得快速的進展。二〇一七年，中國完成了上海和北京之間兩千公里的量子連接，途中經過三十二個用強化信號的站點。該項建設是專為安全傳輸政府、金融和軍事訊息而設計的。

但要建立真正的國際量子網絡，可能需要採用一種新方法，而這就是墨子號的用武之地。該顆衛星並非透過光纖電纜傳輸光子，而是露天直接發射光子，是由衛星傳向地面某個站點，然後再傳到另一個地面站點。此舉開啟了更遠距離的量子通訊的可能性。不過直到最近，由於白天干擾過大，傳輸僅限夜間執行，而這意味須在夜間創造密鑰並加存儲，以供白天所需。

二〇一七年九月，中國科學家利用墨子號衛星與奧地利的科學家進行七千六百公里的量子加密影音通話，締造了新的紀錄。這是一系列量子衛星發射計畫中的第一步，也是朝向建立全球「量子網路」目標邁出的重要一步。該計畫的首席研究員潘建偉在衛星發射時表示：「我認為一場全球性的量子太空競賽已開跑了。」4

研究人員的最終目標是更加遠大的。雖然量子密鑰分發可以保護訊息在傳輸過程中不被攔截，但正在開發的另一種方法，則是訊息根本不必實際傳輸。量子隱形傳輸所依賴的是量子的糾纏現象，特定兩個光子即使相隔很遠，也能相互連接。量子隱形傳輸能讓成對的光子產生糾纏現象（一個是訊息的發送者，另一個則是接收者），此舉意味了，在沒有實際發送任何數據資料的情況下，依然可以傳輸訊息。每當一則訊息被印記在這對光子的其中一個時，藉由讓它與正在發送訊息的「記憶量子位元」進行互動，它會立即改變另一個光子的狀態。訊息有效地從發送者「遠距移轉」給接收者。以這種方式發送的訊息，將是真正完全牢不可破的。

量子霸權

網路安全專家一直害怕「Q-Day」（又稱「Y2Q」）的降臨，即是開發出可打破大多數現代加密標準的量子電腦的日期。如果哪個國家率先到達這一階段，那麼它可能會造成麻煩，此即新美國安全中心的報告所談到的「量子意外」：某一國家開發出其他國家甚至還不知所以然的技術。中國在這場競賽中巴不得能拔得頭籌。中國政府將量子視為「超級工程」的重點，著眼在量子通訊和量子計算方面取得重大突破。根據報導，中國正投資一百億美元在合肥興建「量子訊息科學國家實驗室」。蘭開斯特量子技術中心主任、成都基礎與前沿科學研究所兼任教授羅伯・楊認為：「過去五年中，中國在量子技術方面挹注了大量資金，如今它已處於領先地位，而且進展相對較快。」

過去幾年，中國的公司申請的量子計算相關專利，數量爆增。根據專利布局公司 Patinformatics 的數據，二〇一四年美國和中國申請的專利數量相當，但到二〇一七年，中國申請的專利數量幾乎翻了一倍。中國在量子科技與人工智慧領域的雄心類似，投資手筆也很類似，部分原因是希望將自己定位為未來幾十年的科技領頭羊。羅伯・楊表示：「中國基本上錯過了數位革命，這確實讓他們的經濟倒退了。如今它不想再打瞌睡了。」潘建偉也同意這種看法，他說：「在現代資訊科學方面，中國一直扮演學習者和追隨者的角色，如今到了量子科技時代，如果我們盡力而為，就可以成為其中的主力。」潘氏被科學雜誌《自然》稱為「量子之父」，與斯諾登一樣，都是中國量子技術進步的關鍵推手。

受到美國國家安全局洩密事件的影響，中國在最初量子計算上取得的大部分進展不在硬體，而是在量子安全通訊上，具體的成就包括墨子號衛星的發射以及山東省北部地面量子網絡系統的建置等項目。潘氏認為：「在量子通訊領域中，我們領先於世界各地的同行。」他也曾經說過，斯諾登的揭密事件為他的工作帶來新的動力和緊迫性。」

騰訊、阿里巴巴和百度等中國公司也加入了量子競賽，但是起跑時間晚了一點。潘氏表示：「才幾年前，你很難說服這些中國的電子商務公司投資這類研究。但是，受谷歌和ＩＢＭ或英特爾和微軟的影響，所有中國電子商務公司現在都在推行自己的量子技術計畫。」

單就量子位元的淨數量而論，中國的表現還無法與美國這一競爭對手相匹敵。然而，在二〇一八年，中國科學家確實將十八個量子位元連接起來形成量子糾纏而締造了世界紀錄。所謂的量子糾纏，是指量子電腦實際用於計算時所必需達成的互連狀態。這符合發展的通用模式。Patinformatics 公司的常務董事托尼．特里普說：「有人認為中國在生產量子位元的新方法上已取得了突破，但還沒有確實的證據可供採信，這是基礎科學，而且生產的方法就那幾種。過去四年，中國在專利申請方面的強項主要表現在應用領域。」

中國的金融實力在下一階段量子計算發展上實為關鍵。提出墨子號背後理論的阿圖爾．埃克特主張：「就中國打造量子環境的用心而言，這是很重要的。比方，如果全世界只有你有電話，那麼你就沒有打電話的對象，這樣生產一支電話是不夠的。你還必須擁有整個基礎設施，一整座金字塔，不僅是一群古怪的物理學家，還要有量子工程師、電腦科學專家、密碼學家以及售貨人員。」埃克特將中國的做法比喻成一九六〇年代美國太空總署送人登陸月球的阿波羅計畫。他說：「目前還不清楚哪種特定的量子技術（超導電路、離子阱等等）能行得通。你必須先讓許多在各領域互補的專業知識人士齊聚在一起。」

也許和誕生於美蘇激烈競爭年代的阿波羅相比並不合適。有人不禁要將量子計算和密碼學的發展描繪為一場零和遊戲，形容中國與美國正在爭奪全球科技的寶座。不完全是那樣。潘建偉的科技基礎是在歐洲養成的，而中國的研究人員也一直與奧地利人密切合作，開發墨子號及其相關技術。然而，隨著量子科技技術從學術邁入應用領域，大家的態度已發生輕微的轉變。埃克特說：「五年以前，我會說那是合作的關係，但過去五年裡，出現了一點泡沫化跡象。各方的擔憂其實既健康又合理。這個領域太重要了，不能讓某個特定地區遙遙領先。」在羅伯・楊看來，挑戰如此複雜、昂貴，以致哪個國家想要超前競爭對手一步都很困難：「我想現在很難藏住任何東西。」

該領域並不是統合的，不同的研究小組各自嘗試不同的方法，而各國都將其資源挹注在各式各樣的計畫上。二〇一六年中國政府將量子科技置於第十三個五年計畫的核心，從那之後，歐洲和美國都落實了自己的投資計畫。歐盟正將十億歐元投入其量子科技的旗艦項目中，而該項目已於二〇一八年啟動，並宣布為二十個新計畫提供資金。美國有個跨黨派團隊一直致力於立法工作，並為量子研發投入十二億五千萬美元。中國人則專注於構建多衛星的量子網絡，同時設計量子模擬器來解決科學問題。一些美國的大型科技公司致力於提高量子位元數量，並降低量子電腦的出錯率。英國目前是量子演算法領域的翹楚。羅伯·楊認為：「真正令人興奮的是，大家並不知道量子的潛力將發揮到什麼地步，這也是中國人在此一領域投入大筆資金的原因。量子很明顯將成為下一個革命性的科技，必然會出現大量值得關注的設備，中國人投資的正是這種潛力。」

中國的投資無疑使其站上有利的地位，但我們還不清楚哪些方法能行得通，以及它們能造就什麼。中國的重大突破可能來自合肥一百億美元的量子中心，或者來自其他地方相對較小的投資計畫。領頭的可以是單一國家，但要使量子成為一項真正具有革命性的科技，還有待全球的共同努力。潘建偉說：「量子科技不可能由單一國家開發。各國可以相互競爭，但是大家需要溝通、合作。」

第五章

模擬自然

鋰離子電池是現代世界的無名英雄。自從一九九〇年代初首度上市以來，它因能在相對較小的空間內儲存大量能源而改變了科技產業。沒有鋰，就沒有iPhone或特斯拉，而且你的筆記型電腦會更大更重。但世界正在耗盡這種寶貴的金屬，這可能成為電動汽車發展的一個巨大瓶頸，也驅使我們不得不轉向可再生能源的儲能方案。世界一些頂尖的科學家正忙著尋找新的電池技術，以便用更清潔、更便宜和更豐富的東西代替鋰離子。量子電腦可能是他們的祕密武器。

農業界也面臨類似的情況。全球多達百分之五的天然氣消耗在哈柏法的製程上，這是一種將空氣中的氮轉化為氨基肥料的方法，迄今已有百年歷史。這個製程非常重要，因為它餵飽世界大約百分之四十的人口，不過與大自然本身的方法相比，其效率也低得令人驚訝。同樣，量子電腦可為我們提供答案。

截至目前，相關研究人員使用的工具並不靈光。他們一直使用傳統設備來執行日益複雜的模擬工作，然而，其反應越複雜，超級電腦就越難勝任。這意味了今天的科學家要麼只能關注非常小的問題，要麼被迫為了速度而犧牲精準度。

比方，每個氫原子都有一個帶正電的質子和一個電子，很容易可以在筆記型電腦上加以模擬（你甚至可以徒手算出它的化學性質）。氦是元素週期表中氫的下一個元素。它有兩個質子，也有兩個帶負電的電子環繞，而這模擬起來難度就升高了，因為電子是糾纏在一起的，所以其中任一個的狀態都與另一個的狀態相關，這代表它們需要同時計算。

等你接觸到銩（其軌道上有六十九個電子運行，而且相互糾纏在一起），那可就遠遠超出傳統電腦的運算能力了。如果你每秒寫下一種可能出現的狀態，那還需要二十兆年（等於宇宙年齡的一千多倍）的工夫。約翰．道林在二〇一三年出版的《薛丁格的殺手應用程式》裡計算出，若要在傳統電腦上模擬銩，你必須在未來的一百五十萬年裡買下英特爾在全球生產的全部晶片，成本約為六百兆美元。

一個較快的替代方法是直接測量原子。道林寫道：「在模擬量子糾纏的系統時，傳統電腦似乎就會發生指數級的減速現象。然而，同樣的量子糾纏系統在模擬自身時卻未表現出該種現象。量子糾纏系統的表現就像一台比起任何傳統電腦都更強大的電腦，而且這種優越性是指數級的。」

儘管我們自一九三〇年代以來就已知道模擬化學所需的所有方程式，卻從來沒有可用的演算設備來進行模擬。一般情況，這代表在處理傳統電腦難以應付的複雜模擬時，最好的方法仍然是單純測試現實世界中許多不同的事物，並從觀察和實驗中得出結論。薩巴塔計算公司的克里斯托弗・薩瓦認為：「我們現在無法真正預測電子的運作模式。如果我們能開始在電腦上加以模擬，就可以多多運用預測方法，並減少實驗室的工作。」他說，這樣做就好比空中巴士公司仍用小模型來模擬飛機，並將它們拋向天空似的。谷歌的塞爾吉奧・博伊索認為：「你無法模擬自己感興趣的化學過程。由於相關的材料科學和工程的水準仍低，你一時還無法看清未來。」

為了解決這些以及許多其他類似的問題，化學家、生物學家和物理學家都需要模擬自然。正如費曼在一九八〇年代預測的那樣，他們需要由量子組件製成的電腦。博伊索在谷歌的同事瑪麗莎・朱斯蒂娜表示，你多少可以將量子電腦視為可編程的分子（programmable molecule）：「這系統就像一個分子那樣，由行為符合量子力學規則的許多部分構成。在某種意義上，你會看到一條從那裡連接到實際化學編程（programming chemistry）的途徑。」

從農業到製藥

二〇一〇年，化學和電腦科學教授、薩巴塔計算公司的共同創辦人艾倫・阿斯普魯—古茲克，與墨爾本大學的量子物理學家安德魯．懷特以及其他人進行了有史以來第一次的量子化學模擬。他們選擇雙氫（dihydrogen，編注：兩個氫原子互相鍵結，即氫分子）作為研究對象，那是一種非常簡單的分子，當然不會對傳統電腦造成任何麻煩，甚至不會讓只有紙筆在手的物理學家覺得頭痛。早在一九二七年，就有人首次使用當時量子力學這門嶄新的科學，來分析雙氫（只包含兩個氫原子鍵結）。此舉的目的只為證明量子電腦可以用於這類計算，只為證明這一概念可以實現。他們的量子模擬是在以光子為基礎的量子設備上進行的，而這種模擬可以正確計算出氫原子連結的力量，其精準度高達百萬分之六。

量子電腦可以透過三種方式[1]幫助我們更清楚理解分子層級的反應。第一種方法在於構建一台專用的電腦來模擬你想解決的問題，也就是重建與分子真正結構相對應的正確數目的量子位元實體。這種機器製造起來比較簡單，然而卻不是傳統意義上的電腦，你無法輕易對它重新編程以解決不同的問題。

第二種方法在於採用可顯示系統如何隨時間而變化的演算法。你以波函數的形式，輸入系統當前的狀態以及系統中的能量水準（稱為「哈密爾頓函數」，依數學家威廉・羅文・哈密爾頓爵士的名字命名），然後觀察它隨時間而發生的變化。這些大家聽過的「哈密爾頓模擬」具有潛在的廣泛用途，並且在理解和預測具複雜反應現象的分子（例如電子彼此高度關聯的鍅）方面可能特別有用。

像這樣的現實問題不勝枚舉，傳統電腦的能力捉襟見肘，只有量子電腦有望實現指數級的加速。化學領域上的難題，正等待強大且可靠的量子電腦加以破解，範圍從透過催化提煉金屬到固定二氧化碳（有助捕獲碳的排放同時減緩氣候變化）都有。但可能產生最大影響的，首推化肥生產。植物需要健康的氮供應才能生長。空氣中充滿氮，但植物實際上不會從空氣中自行抓取，因此農民必須使用哈柏法這種能源密集製程所生產的氮肥來為作物補充營養。一條麵包，百分之四十的碳足跡來自因供應小麥生長所需而製造的氮肥。[2]

但大自然有自己的方法。有些植物依賴細菌，而這些細菌利用一種名為固氮酶的酶來「固定」大氣中的氮並讓它與氨結合。了解酶的這種作用原理，將是改進哈柏法以及創造能源密集度較低的合成肥料的重要一步。解決這個問題的關鍵在於了解鐵鉬輔因子的結構，但鐵鉬輔因子是酶的核心複雜分子，很難用傳統電腦建模。二〇一七年，由微軟和蘇黎世聯邦理工學院組成的一個研究團隊證明，具備一百個邏輯量子位元的量子電腦可以解決這個問題，不過他們也承認，需要多達一百萬個物理量子位元，方能形成那些邏輯量子位元。

哈密爾頓模擬另一個十分有用的地方，在於幫助我們了解植物是如何利用太陽能的。植物的光合系統二，是由不同的酶所組成的巨大且複雜的複合體，它執行光合作用開始的一些步驟。使用量子電腦來模擬這個過程，可以幫助化學家設計人工光合作用的方法，使他們能夠利用太陽能來製造燃料。太陽能電池板本身也是量子電腦大顯身手的領域，因為它可以加快找出新材料的速度。這種方法還有助於確定電池以及在室溫下運作之超導體的新材料，此舉將推動電機、磁力甚至量子電腦本身的進步。

薩巴塔計算公司正在研究一種使用生成建模尋找新材料的方法，類似於該公司從一小份真實世界的數據出發，為機器學習提供資料的功能。薩瓦解釋：「如果我們掌握一百個東西的樣本，那就可以使用生成建模方式創造出相似的東西。我們可以用它來篩選化學資料庫，或建構虛擬的化學資料庫，找出新的化合物。」量子計算具有識別新化合物的潛在能力，這是令製藥產業喜不自勝的一個原因。我們已經看到，量子電腦如何可能更有效、更準確地處理來自核磁共振掃描儀的數據，但它還可以幫助相關的公司快速識別新化合物，然後在無需先行合成的情況下模擬其效果，從而節省數十億美元的藥物設計費用。此外，量子計算可以幫助科學家模擬人體內部複雜的交互作用和過程，從而發現阿茲海默症等疾病的新療法，或者更快了解新冠肺炎等新疾病。DeepMind 等公司已開始使用人工智慧來深入了解「蛋白質折疊」的現象（這是生長與疾病的一個關鍵），而量子電腦將加快這一嘗試。

雖然，這些應用大多數可能必須等待具有錯誤更正以及容錯功能、包含數千或數百萬個量子位元的量子電腦的誕生方能實現。但根據該領域一些人士的說法，以前不可能模擬的自然問題，可能在下一個十年中就可以被人類掌控了。構建量子電腦的初步嘗試將會充滿雜訊且容易出錯，然而這實際上反而讓它非常適合模擬自然，因為現實世界中的分子畢竟也存在於雜訊和干擾的環境中。加州理工學院的有機化學家安東・圖托夫和哈佛大學的材料科學家普里尼哈・納朗，在一篇《連線》的投稿文章[3]中提到：「對量子設備的諸多應用而言（例如密碼方法），這種雜訊可能是個巨大限制，並導致不可接受的錯誤等級，不過，對於化學模擬而言，雜訊代表化學系統（例如分子）以及量子設備所身處的實體環境。這意味「嘈雜中型量子」雖然會對分子的模擬產生雜訊，但這種雜訊實際上透露了分子在自然環境中運作時，所產生的有價值訊息。」

說到模擬自然，雜訊和錯誤可能只是個特性，而非錯誤。搭載智慧和節省資源演算法的小型量子電腦，已開始用來解決化學和材料科學領域的實際問題。

宇宙之鑰

二〇二〇年一月，ＩＢＭ的研究人員發表了關於量子電腦在「嘈雜中型量子」時代如何發揮作用的初期觀察。在與德國汽車製造商戴姆勒合作、改進電動汽車電池的項目中，他們曾使用小型的量子電腦來模擬三個含鋰分子的運作模式，其研究成果可能應用到下一代的鋰硫電池上，有望造出更多比時下更強大且更便宜的電池。他們並未採用哈密爾頓模擬（因這需要用上的量子位元會比研究人員實際所掌握的遠遠更多），而是仰賴「變分量子演算法（variational quantum algorithms）」，也就是量子電腦模擬自然的第三種方式，並且可能在短期和中期上最有用。

變分量子演算法混合量子電腦和傳統電腦來加快計算速度。在一篇部落格的文章中，[4]薩巴塔計算公司的首席研究科學家兼創辦人彼得·強生，將其與谷歌地圖的一項功能進行比較，這項功能可以在合理時間內幫你找到最理想的回家路線。他寫道：「這款應用程式並不會搜索所有可能的路線，只會搜索合理的路線，以及部分路線的組合。」強生在這裡強調，谷歌地圖的演算法並非全然盲目運作，而是利用捷徑和經驗法則來限制自己所搜尋的資料庫大小。如果在陌生的街道上尋找特定的門牌號，你也知道奇數和偶數會出現在馬路的不同側，而這就是類似的情況。只專注搜索道路的一側能為你省下一半的時間，對於最終結果的妨礙也減至最小。

變分量子演算法不會使用量子電腦執行整個計算過程，而是使用有限數量的量子位元，針對可掌握資源的解決方案進行最理想的推測，接著將結果交給傳統電腦，然後再由後者決定是否嘗試其他辦法。和其他運算方式相比，將量子處理拆分為更小的獨立步驟，代表你可以使用更少的、更嘈雜的量子位元來進行計算。二〇一六年，薩巴塔計算公司的艾倫．阿斯普魯—古茲克與谷歌在聖巴巴拉的研究團隊合作，再次模擬雙氫結構，但這次使用的是搜索巨擘的超導量子位元以及一種稱為「變分量子特徵求解器（variational quantum eigensolver）」的演算法。同樣，量子電腦能夠預測分子的能態和鍵長。該技術比較可能有望推廣運用到更複雜的系統上，而且無需大幅增加錯誤更正的要求。

IBM的海克．瑞爾認為：「使用這種變分量子特徵求解器，你可以辦到很多事，其中一件就是找到問題的最小能量（minimum energy）。通常你會有一個描述實體系統的方程式，但須解決的一個問題是，先找到這個方程式的最小能量。」這個方法比完整模擬所需要的量子位元少得多了，且其應用十分廣泛，例如從商務行程的優化問題，到你必須找出基態（系統可能的最低能階）的化學反應，以及值得注意的激發態（任何其他能階）的化學反應（比方光合作用和太陽能的情況）。

隨著早期量子電腦中的量子位元數量增加，發明者正透過雲端開放使用。例如，IBM擁有IBM Q網絡，而微軟已將量子設備統合到其雲端計算平台Azure中。一旦將這些平台與受量子原理啟發的優化演算法和可變量子演算法相結合，研究人員可以在未來幾年內看到量子計算在化學和生物學領域的一些初期優勢。谷歌的塞爾吉奧．博伊索希望，隨著時間推移，量子電腦能夠解決地球面臨的一些生存危機。他說：「氣候變遷是個能源問題，而能源又是物理和化學的過程。如果我們構建能進行模擬的工具，也許就可以推動一場新的工業革命，一場有望讓人類更有效率利用能源的工具。」

不過，量子電腦可能產生最大影響的領域，終究還是量子物理學本身。大型強子對撞機（Large Hadron Collider）是世界上最大的粒子加速器，它可將大量質子一次擊碎，每秒即可收集約三千億位元組的數據，解開宇宙最根本的祕密。但分析它需要高度的計算能力，目前它分散在四十二個國家的一百七十個數據中心。歐洲核子研究組織（簡稱CERN）的科學家，希望量子電腦可以加快數據分析的速度，以便他們能在進行實體測試之前，先進行較準確的模擬。他們著手開發演算法和模型，一旦設備發展理想、可以提供協助時，這些演算法和模型將有利他們發揮量子電腦的威力。歐洲核子研究中心的物理學家費德里科・卡米納蒂，在二〇一九年告訴《連線》雜誌：「這是我們在量子計算方面邁出的第一步，但即使加入賽局的時間相對較晚，我們在許多領域也成就了一些獨特的專業知識。我們是量子力學專家，而這門力學正是量子計算的基礎。」5

迄今為止，大型強子對撞機的里程碑式成就，無疑是二〇一二年希格斯玻色子的發現。這是一種基本粒子，發現這種粒子有助於證實量子物理學中一些長期存在、但證據不足的理論。二〇一八年，加州理工學院和南加州大學的物理學家，使用量子電腦重新分析這一發現所依據的數據資料，並設法複製其結果。量子電腦並不比傳統設備快，但它至少證明，量子電腦可用來解決這類問題。卡米納蒂認為：「使用量子電腦對量子系統進行非常準確的模擬，這種可能性實在令人興奮，因為量子電腦本身就是一個量子系統。將量子計算和人工智慧結合起來分析大數據，這又是一個突破性的機會。目前這個主張看似野心勃勃，但對我們的需求卻至關重要。」

在《用量子貓計算》一書中，作者約翰．格里賓認為，如果這稱不上是量子電腦最重要的功能，至少也可能是它最深入的應用了。他寫道：「如果我們終能結合量子理論和重力學說，得出一個令人滿意的『萬有理論』，那麼幾乎可以確定，唯有借助量子電腦來模擬宇宙的運作模式才可能做得到。」

第六章

量子前景

谷歌實現量子霸權的消息提前一個月左右曝光。

該公司原先已預定好發布新聞稿的日期，並打算邀請記者參觀位於聖巴巴拉的實驗室，希望讓公司的科學家有機會沉浸在公開一項非凡工程成就的喜悅中。但不是每個人都收到這項時程安排的備忘錄。二〇一九年九月，也就是預計披露新聞的前一個月，《金融時報》[1]的記者，發現一篇由博伊索及其谷歌同事撰寫的文章，這篇關於量子霸權實驗的文章即將在《自然》雜誌刊出，而文章卻可以從開放存取的伺服器免費下載。這篇文章描述谷歌的美國梧桐晶片如何只花兩百秒即執行完畢一項任務，而且換成高峰超級電腦執行的話，耗時將高達一萬年。等到該篇文章在十月份實際刊出時，最初那份興奮之情已經有所緩和。羅伯・楊認為：「這是一塊墊腳石，我們每年都會看到這樣的墊腳石。我看這還沒到頂。」

谷歌在這項競賽中的兩大對手ＩＢＭ和微軟的研究人員，倒是冷淡以對。

IBM算了一算，宣布自家的超級電腦完成該項任務的時間是兩天，而不是一萬年。如果此話為真，這仍意味谷歌實現了量子霸權，但這一壯舉並不像最初看起來那麼至高無上（儘管谷歌團隊也宣稱，超級電腦若要快速做到這點，必須連結到一座核電廠才行）。

微軟和IBM現在比較喜歡用的詞不是「量子霸權」，而是「量子優勢」，也就是量子電腦能做到以前無法做到的事。IBM的海克・瑞爾認為：「我們真正專注在提供價值以及量子優勢，而不是在與行業無關的問題上擺出唯我獨尊的架式。」微軟的代表也迅速將話題從霸權上移開，轉而探討量子的影響力，試圖找出解決世界上一些最重大問題的方法。

為達成這一目標，量子計算必須在未來幾十年發展四個主要領域：演算法、硬體、軟體和技能。波士頓顧問公司的一份報告指出，[2]量子演算法是我們解決上述重大問題的工具，並將量子演算法畫分為主力演算法（workhorse）和特有演算法（purebred）兩大類，而後者則是類似於秀爾演算法，都是能為目前無法解決的問題，提供指數級加速的強大工具。不過這些工具需要的專用硬體極其敏感，且要具備數千或數百萬個實體量子位元。它們就像一級方程式賽車，威力非常強大，但是脾氣很衝。

此外，主力演算法則包括「量子近似優化演算法」以及IBM與戴姆勒合作的電池研發計畫中一直使用的「變分量子特徵求解器」。這些演算法將主導嘈雜中型量子時代，因為它們足夠靈活，可以在我們目前使用、但容易出錯的機器上運行。根據博伊索的說法：「可行性與價值在比例上有點成反比。」

量子演算法開發人員所面臨的挑戰，不僅在於提出行得通的方法，還在於證明該方法可以完成一些傳統電腦無法辦到的事。傳統陣線的進展也不曾停歇，比方，谷歌有一個與量子研發平行的團隊，專門致力於改善傳統電腦的設計，以便能媲美自家的量子晶片，而且超級電腦每年都會變得更快、更強大。波士頓顧問公司那份報告的作者寫道：「目前的困境是，除非能將量子演算法交付實驗性的測試，否則很難證明，相較於傳統演算法，它們具有可觀的加速性能。」格羅弗的演算法沒有提供指數級的加速，卻仍然需要動用能容錯的量子電腦，既不切實際，又不比超級電腦好用，雖說自成一格，其實並不值得羨慕。

「道林－尼文定律（Dowling–Neven Law）」的支持者認為，這種情況將隨硬體的迅速改進而變化。該定律以量子物理學家約翰．道林（他在二〇一三年的著作中首次提到將摩爾定律應用於量子計算的想法）以及哈特穆特．尼文（谷歌的研究團隊在他領導下站上霸主地位）的名字命名。二〇一九年六月，尼文告訴《量子》雜誌，[3]量子電腦中可用的計算能力正在以雙倍指數的速度增長。他說：「乍看什麼都沒發生，一切風平浪靜，然後，哎唷，你突然踏進了一個不同世界，這就是我們在這裡所經歷的。」

不過，如想保持這種發展速度，硬體上還需要大大改進，無論是量子位元的數量，還是大規模、精準製造量子位元的能力。理想的情況下，這些製造商要能夠以生產電晶體的速度生產量子位元，將約瑟夫森接面和離子阱投入生產線。但實際上，該製程所需的超精密工程使得這項任務變得困難，且量子位元的故障率高到令人無法接受。

有不少初創公司利用來自企業和政府不斷增長的資金流，在這領域開展業務。例如，芬蘭的初創公司ＩＱＭ，專注於改善量子硬體的時間間，以求在量子位元退相干之前的那一段很短的時間內，進行更多操作。ＩＱＭ的首席執行官簡・戈茨表示：「這和其他人努力的目標差不多。大家都設法要構建一個成功率高又可擴充的系統。」

微軟方面，他們正在研究如何將控制硬體縮小並使它更堅固的技術（目前控制硬體放在低溫恆溫器旁邊的大型機架上）。如能盡量減少從外部進入系統的線路數量，他們就能更好地隔離量子位元，並減少雜訊。有人認為，超導量子位元需要保持在極低的溫度下，這是個要命的弱點，而且這種位元不可能擴充到所要求的水準。即使是在很小的空間裡，要冷卻到接近絕對零度也需要大量的能源和設備，而且面積越大，所需的能源就越多，何況還需配備更多線路來控制所有額外的量子位元，這樣就會造成更多的洩漏，因此又要加強冷卻。這可能是個無法克服的問題，也許超導量子位元終歸是條死胡同，而離子阱才是前進的坦途。或者這兩種技術都行不通，我們需要另覓替代方案或者某種組合。二〇二〇年十二月，中國合肥科技大學的一組科學家，聲稱他們在立基於光子的量子電腦上，已經實現了量子霸權，據說該電腦比谷歌的美國梧桐晶片快一萬倍。

《自然》雜誌的一項分析發現，[4]二〇一八年投資於量子公司的金額為一億七千三百萬美元，然而挹注在量子軟體公司的金額遠遠超過與硬體公司的交易量。我們不要忘記，量子軟體公司經常只為尚不存在的電腦編寫演算法。由於硬體方面缺乏發展，進步將會停滯，這就是為什麼業內有些人（包括影響力很大的約翰・普雷斯基爾）擔心「量子冬天」終將降臨的原因。

人工智慧領域也出現同樣的現象。這門技術在一九六〇年代首度被理論化，但要經過一九八〇到九〇年代的等待，直到硬體技術趕上來了，方能取得真正的進展。這也符合著名的「高德納技術成熟度曲線（Gartner hype cycle）」預測：該曲線指出新技術的發展週期，從發明階段到過度期待的高峰階段，然後進入幻滅的谷底階段，最終再到投產後的平穩階段。高德納公司負責量子計算研發的副總裁馬修・布里斯，在二〇一九年[5]接受《商業內幕》的採訪時表示：「炒作未免太厲害了，大家都說：『我們快卡位吧，就放手一搏吧！』但是他們隨後發現硬體設備尚未到位，恐怕還得等上五年十年。其中風險確實存在，因此我們也在密切注意。」胡利表示同意。他說：「這是一股推動量子問世的動力，也是一項革命性的技術，你從所有這些大公司那裡聽到的一切訊息都是正確的。我們正在說服世人，事情可能比實際情況還要成熟。」

至於最振奮人心的「特有演算法」容錯量子電腦，我們可能還要再等上一段時間才有可能實現。與此同時，根據英國國家物理實驗室（受益於英國政府對量子科技一億五千三百萬英鎊投資的數十個組織之一）里斯・路易斯的說法，量子硬體最有可能應用的地方，可能與計算幾乎沒有關係。這些應用可能包括原子鐘，用於極其準確的計時工作，以及全球定位系統（必須依賴精密計時）的改善。路易斯說，控制離子的能力還可應用到製造更精確的感應器上，這對於「讓我們看到目前尚不可見的東西（如重力場）」十分有用。量子感應器可在不開挖道路的情況下查看地下狀況、測試材料中的微小缺陷，或是觀察心臟以及大腦所產生的微型磁場。

第一代電腦是手工編程的，起先是將開關和燈重新布線，然後是在卡片上打孔。今天，程式人員不太需要考慮實際執行命令的微型電晶體。在物理學家和工程師努力解決量子硬體問題的同時，電腦科學家也在爭先恐後開發軟體程式和基礎設備，而這些程式和基礎設備將在嘈雜中型量子時代以及未來以量子設備為中心時運作。微軟的切坦・納亞克表示：「內燃機不等於汽車。汽車需有輪子、方向盤以及儀表板，顯然還要配備衛星定位系統。汽車由很多東西組成，只有百分之五十或七十五的汽車零件，仍稱不上是一台汽車。」

所以，現在谷歌、微軟、IBM和其他公司（包括總部設在伯克萊的 Rigetti 公司）都在研究位於量子電腦之上的那一層，就像編譯器和操作系統讓你免於直接解譯電腦中0、1組合的電腦語言。谷歌的瑪麗莎・朱斯蒂娜表示：「現在我們編寫的量子計算程式幾乎是機器代碼，非常接近硬體。我們沒有任何可以將硬體抽象化的進階工具。」在微軟公司裡，具有電腦科學背景的克里斯塔・斯沃爾協助開發了Q#（發音為「q-sharp」），這是首批特殊編程語言中的一套，其設計專為處理所有類型的量子電腦的怪癖。它能在離子阱量子電腦上運作，也能在使用傳統硬體的虛擬量子電腦上運作，更能在微軟無從捉摸的拓撲量子位元的量子電腦上運作，且可以在這些狀態中輕鬆切換。斯沃爾說：「我們知道量子電腦還會一直發展，但這套程式碼會繼續使用下去。」

谷歌的Cirq和IBM的Qiskit都是開源框架，都將幫助研究人員在嘈雜中型量子時代開發演算法。正如我們在上一章看到的，企業也在商業上推廣這項應用：IBM已經與埃克森美孚、巴克萊銀行以及三星等一百多家公司就實際應用事項展開合作；微軟旗下的Azure量子公司，允許其客戶連接IonQ的離子阱量子電腦以及總部設於康乃狄克州QCI公司所開發的超導量子位元。IonQ的彼得・查普曼認為，這些發展將讓我們能夠開始為量子編寫「Hello, World!」的程式（指螢幕上的簡單訊息，這是大家剛開始學習如何編碼時第一件會做的事）。最終，它們將幫助沒有量子物理學或電腦科學學位（或是兩者皆無）的人，了解量子設備的複雜性。技能是拼圖的最後一塊。朱斯蒂娜認為：「大學尚未開設相關科系，而且這方面的知識尚未形成一個學門。為了實現這一願景，我們須在編寫程式方面具備更多專業知識。」

傳統計算與早期的量子計算有很多相似之處，兩者的一些設備看起來甚至很像，比方紛亂的電線從地板一直延伸到天花板。但是，傳統電腦曾在幾十年間僅用於學術實驗室和軍事設施，等到一九九〇年代個人電腦流行後，它才真正普及到大眾。但是量子電腦則不同，大家將很容易透過雲端加以掌握。這點可能意味著，新應用程式開發的速度差異會很巨大，因為程式人員（甚至感興趣的業餘愛好者）都可以利用量子位元來試試身手，或是嘗試將自己的想法付諸實現。

最終，量子電腦的終端用戶可能不會意識到自己正在使用它。你的設備中永遠不會有量子晶片，因為你只會透過雲端來運用它的威力。各種不同類型的量子處理器（超導、離子阱、模擬）將成為自動選取的技術資源之一。IBM的瑞爾認為：「我們預期，大家都使用一般的軟體，遇到問題時，雲端便會進入所有這些類型的電腦，然後決定要在哪一台上處理問題。」

當然，普通人不太可能需要直接與量子電腦打交道，就像你今天不需要利用世界上最快的超級電腦來查看電子郵件或是進行文字處理。而且，永遠也不會出現內建量子晶片的 iPhone Q。但是量子電腦可以協助我們找到讓手機運作更長時間的電池材料、設計效率最高最理想的電路、最佳的網路瀏覽器搜尋演算法，還有無人機送貨到府時所採取的最快路線。

量子優勢可能要再等五年甚至五十年才會來臨。今天，量子科技的成就有被誇大之嫌，可能還存在一些重大的障礙，導致量子位元的數量無法增加，或者無法克服一定程度以上的雜訊。阿圖爾．埃克特一九九四年的演講開啟了量子霸權的競賽，並協助該領域走到今天的這一步，不過他認為我們仍然需要一些重大的技術突破，好比電晶體的發展從一九六〇年代開始改變傳統電腦。有了量子，我們就脫離了晶片製造商互別苗頭、爭相生產最佳硬體的時代；我們正處於真空管和機械閘的時代，研究人員都想知道自己正在嘗試的事是否可行。就某種意義上而言，埃克特坦言自己實際上希望那是不可行的。他說：「如果我們因為實際根本的原因（比如出現一些新的、根本的物理定律）而無法造出量子電腦，那種局面將更美好。」

一台實用的、能更正錯誤的量子電腦可以改變世界。藉由利用量子物理的不確定性，它可以徹底改變醫學、加速人工智慧並顛覆密碼學。但在研製量子電腦的這場戰鬥過程中，將可以揭示宇宙自身的根本真相。谷歌的量子研究員陳宇（Yu Chen，音譯）表示：「這不是企業之間的競爭，而是我們對抗大自然的科技。」

名詞解釋

傳統電腦（Classical computer）

幾乎有史以來的每一台電腦（從戰時的密碼破譯機到口袋裡的手機）基本上都以相同的方式運作，也就是借助於數百萬個稱為位元的微型開關。

退相干（Decoherence）

當量子位元由於環境干擾或是雜訊影響而脫離精密的疊加狀態時，我們就稱之為退相干。

糾纏（Entanglement）

兩個粒子連接或「交纏」的方式。在這個現象中，對其中一個粒子所做的任何事，都會發生在另一個粒子上，而且不論它們之間的距離多遠。

摩爾定律（Moore's law）

一九六五年，英特爾的共同創辦人戈登・摩爾預測，安裝在一個晶片上的開關數量（稱為「電晶體」）每兩年就能增加一倍。

嘈雜中型量子（NISQ）

NISQ是noisy intermediate scale quantum的首字母縮寫詞，物理學家約翰・普雷斯基爾新創的術語，指一個量子電腦雖已存在，但還不夠強大，無法履行人們期待的全部功能。

量子優勢（Quantum advantage）

IBM和Microsoft比較喜歡用的術語，指唯有量子電腦可以執行其他辦法都行不通的情況。

量子霸權（Quantum supremacy）

該術語二〇一九年由物理學家約翰・普雷斯基爾新創，指唯有量子電腦可以做到而傳統電腦做不到（無論這些事情有用處與否）的情況。

量子位元（Qubit）

與普通電腦晶片中僅可代表1或0的位元不同，量子位元（qubit，quantum bit的縮寫）可以同時表示兩者。

超導量子位元（Superconducting qubit）

谷歌和ＩＢＭ正在建構的「超導量子位元」，所依賴的是能改變電子行為模式的極度低溫以及具奈米間隙的金屬環（稱為約瑟夫森接面）。微波脈衝被用來改變量子位元的狀態。ＩＢＭ會改變這些脈衝的頻率以調節製程的變化，而谷歌則使用磁場來「協調」量子位元。

疊加（Superposition）

同時具備1和0的狀態稱為疊加，可比喻成一枚被丟出去、尚未落地的硬幣。

拓撲量子位元（Topological qubit）

僅能持續幾分之一秒的超導量子位元。微軟正在研發的拓撲量子位元可以同時將訊息儲存在多個地方。此舉應能使這種位元持續更長時間，並變得更強大，但實際上可能無法製造出來。

變分量子演算法（Variational quantum algorithm）

變分量子演算法使用量子電腦和傳統電腦的混合體來加快計算速度。該演算法並非嘗試使用有限量子位元的量子電腦來進行全面計算，而是利用可掌握的資源來猜測最佳的解決方案，然後再將結果交付傳統電腦。將量子處理流程拆分為更小的、獨立的步驟，意味著你可以使用比其他方式所需更少、更嘈雜的量子位元來進行計算。

注釋

導論

1 https://www.discovermagazine.com/technology/the-best-computer-in-all-possible-worlds

2 https://quantum.country/qcvc

3 https://www.newscientist.com/article/2220968-its-official-google-has-achieved-quantum-supremacy/

第一章　何謂量子計算？

1 https://www.nytimes.com/2019/10/30/opinion/google-quantum-computer-sycamore.html

2 https://www.nature.com/articles/nphys2258

3 https://physicsworld.com/a/researchers-make-single-atom-transistor/#:~:text=Researchers%20in%20Australia%20have%20created,creation%20of%20atomic%2Dscale%20electrodes.

4 *The Quest for the Quantum Computer*, p. 19.

第二章　化不可能為可能

1 *Computing with Quantum Cats*, p. 217.

2 https://journals.aps.org/prl/abstract/10.1103/PhysRevLett.74.4091

3 p. 255.

4 p. 235.

5 https://www.technologyreview.com/2020/02/26/916744/quantum-computer-race-ibm-google/

第三章 指數威力

1 https://www.youtube.com/watch?v=TlQABw_gCF4

2 https://www.wired.co.uk/article/quantum-computers-ibm-cern

3 https://www.wired.co.uk/article/ibm-barclays-banking-quantum-computing

第四章 破解密碼

1 https://www.cnas.org/publications/reports/quantum-hegemony

2 https://www.nap.edu/catalog/25196/quantum-computing-progress-and-prospects

3 https://csrc.nist.gov/projects/post-quantum-cryptography/workshops-and-timeline

4 https://www.bbc.co.uk/news/science-environment-40294795

第五章　模擬自然

1 https://www.nap.edu/catalog/25196/quantum-computing-progress-and-prospects

2 https://cen.acs.org/articles/95/i43/Chemistry-quantum-computings-killer-app.html

3 https://www.wired.com/story/opinion-noisy-quantum-computers-chemistry-problems/

4 https://www.zapatacomputing.com/variational-what-now/

5 https://www.wired.co.uk/article/quantum-computers-ibm-cern

第六章　量子前景

1 https://www.ft.com/content/b9bb4e54-dbc1-11e9-8f9b-77216ebe1f17

2 https://www.bcg.com/publications/2018/next-decade-quantum-computing-how-play

3 https://www.quantamagazine.org/does-nevens-law-describe-quantum-computings-rise-20190618/

4 https://www.nature.com/articles/d41586-019-02935-4

5 https://www.businessinsider.com/vcs-are-investing-in-quantum-startups-but-expect-a-quantum-winter-2019-3?r=US&IR=T

中英名詞對照

人物

三至十畫

大衛・多伊奇 David Deutsch
切坦・納亞克 Chetan Nayak
戈登・摩爾 Gordon Moore
以撒克・莊 Isaac Chuang
史考特・亞隆松 Scott Aaronson
布萊恩・約瑟夫森 Brian Josephson
本・波特 Ben Porter
伊格納西奧・西拉克 Ignacio Cirac
吉迪恩・利奇菲爾德 Gideon Lichfield
吉爾・卡萊 Gil Kalai
安東・圖托夫 Anton Toutov
安迪・馬圖沙克 Andy Matuschak
安德里亞・羅凱托 Andrea Rocchetto
安德魯・懷特 Andrew White
托尼・特里普 Tony Trippe
朱利安・布朗 Julian Brown
朱塞佩・卡斯塔尼奧利 Giuseppe Castagnoli
艾倫・阿斯普魯—古茲克 Alan Aspuru-Guzik

艾倫・圖靈　Alan Turing
艾爾莎・卡尼亞　Elsa Kania
艾薩克・牛頓　Isaac Newton
佛地魔　Voldemort
克里斯托弗・薩瓦　Christopher Savoie
克里斯塔・斯沃爾　Krysta Svore
里斯・路易斯　Rhys Lewis
彼得・左勒　Peter Zoller
彼得・秀爾　Peter Shor
彼得・奈特　Peter Knight
彼得・查普曼　Peter Chapman
彼得・強生　Peter Johnson

東尼・梅格蘭特　Tony Megrant
阿迪・沙米爾　Adi Shamir
阿圖爾・埃克特　Artur Ekert
哈伯—博世　Haber–Bosch
哈特穆特・尼文　Hartmut Neven
威廉・賀利　William Hurley
威廉・羅文・哈密爾頓爵士　Sir William Rowan Hamilton
查爾斯・班尼特　Charles Bennett
洛夫・格羅弗　Lov Grover
約翰・科斯特洛　John Costello
約翰・格里賓　John Gribbin

約翰・普雷斯基爾　John Preskill
約翰・道林　John Dowling
胡利　Whurley
倫納德・阿德爾曼　Leonard Adleman
格里戈里・佩雷爾曼　Grigori Perelman
海克・瑞爾　Heike Riel
馬修・布里斯　Matthew Brisse

十一畫以上

麥可・尼爾森　Michael Nielsen
喬治・強生　George Johnson
斯特凡・沃納　Stefan Woerner
普里尼哈・納朗　Prineha Narang
費德里科・卡米納蒂　Federico Carminati
塞爾吉奧・博伊索　Sergio Boixo
愛德華・斯諾登　Edward Snowden
溫弗里德・亨辛格　Winfried Hensinger
瑪麗莎・朱斯蒂娜　Marissa Giustina
摩爾　Gordon Moore
潘建偉　Jian-Wei Pan
薛丁格　Schrödinger
簡・戈茨　Jan Goetz
羅伯・楊　Rob Young

羅納德・里維斯特　Ronald Rivest

物理／電腦

二至十畫

C反閘　CNOT

Q值　Q factor

RSA加密技術　RSA encryption

二進碼　binary code

人工智慧　artificial intelligence

十億位元組　GB

大型強子對撞機　Large Hadron Collider

干涉圖樣　interference pattern

中子　neutron

中繼器　repeater

公鑰加密術　public-key cryptography

反及閘　NAND gate

反或閘　NOR gate

生成建模　generative modelling

光子　photon

光合作用　photosynthesis

光纖電纜　fibre-optic cable

同位位元　parity bit

安全協定　security protocol

次原子粒子的　subatomic

位元 bit

低溫恆溫器 cryostat

希格斯玻色子 Higgs boson

固有誤差 intrinsic error

拓撲量子位元 topological qubit

波函數 wave function

矽晶片 silicon chip

糾纏 entanglement

非對稱加密術 asymmetric encryption

非線性 non-linearity

哈密爾頓函數 Hamiltonian

屏蔽 shielding

後量子密碼學 post-quantum cryptography

退火量子位元 annealing qubit

退相干 decoherence

約瑟夫森接面 Josephson junctions

美國梧桐 Sycamore

重力場 gravitational field

原子鐘 atomic clock

容錯 fault-tolerant

時間閘 gate time

時鐘速率 clock speed

格密碼術 lattice-based cryptography

真空管 vacuum tube

能階 energy level

能態 energy state

起始斜率 starting slope

馬約拉納粒子 Majorana particle

高峰 summit

高德納技術成熟度曲線 Gartner hype cycle

十一畫以上

國際原子物理會議 International Conference on Atomic Physics

基態 ground state

密碼破譯機 codebreaker

梯度 gradient

深偽造假 deep fake

粒子加速器 particle accelerator

處理器 processor

富岳 Fugaku

晶片 chip

絕對零度 absolute zero

超奇異橢圓曲線同源密鑰交換 supersingular isogeny key exchange

超導性 superconductivity

超導量子位元　superconducting qubit
超導電路　superconducting circuit
量子位元　qubit
量子近似優化演算法　quantum approximate optimisation algorithm
量子密鑰分發　quantum key distribution
量子意外　quantum surprise
量子電腦　quantum computer
量子隱形傳輸　quantum teleportation
量子霸權　quantum supremacy
量子疊加　quantum superposition

雲端　cloud
微波脈衝　microwave pulse
微秒　microsecond
微處理器　tiny processor
感應器　sensor
萬有引力定律　law of gravitation
運動定律　law of motion
道林—尼文定律　Dowling-Neven Law
電子　electron
電子槍　electron beam gun
電場　electric field
電晶體　transistor

嘈雜中型量子　noisy intermediate scale quantum (NISQ)

磁場　magnetic field

端到端加密　end-to-end encryption

蒙地卡羅模擬法　Monte Carlo simulation

摩爾定律　Moore's Law

編譯器　compiler

質子　proton

鋰硫電池　lithium-sulphur batteries

鋰離子電池　lithium-ion battery

機械閥　mechanical gate

機率幅　probability amplitude

機器學習　machine learning

激發態　excited state

積體電路　integrated circuit

輸入閘　input gate

臉部辨識　facial recognition

鍵長　bond length

雙量子位元閥　two-qubit gate

雙狹縫實驗　'double slit' experiment

離子阱　ion trap

離子阱量子計算　trapped-ion quantum computing

離散值　discrete value

繪圖計算器　graphics calculator

龐加萊猜想　the Poincaré conjecture

繼電器　relay

變分量子特徵求解器　variational quantum eigensolver

變分量子演算法　variational quantum algorithm

邏輯閘　logic gate

地點／機構

三至十畫

三星　Samsung

戈壁沙漠　Gobi Desert

牛津大學　University of Oxford

加州理工學院　Caltech

加利福尼亞州　California

布萊切利園　Bletchley Park

瓜里諾別莊　Villa Gualino

田納西州　Tennessee

合肥　Hefei

合肥科技大學　University of Science and Technology in Hefei

成都　Chengdu

百度　Baidu

伯克萊　Berkeley

克雷數學研究所　Clay Mathematics Institute

杜林　Turin

貝爾實驗室　Bell Labs

帕薩迪納　Pasadena

波士頓顧問公司　Boston Consulting Group (BCG)

空中巴士公司　Airbus

阿里巴巴　Alibaba

南加州大學　University of Southern California

哈佛大學　Harvard

科羅拉多州　Colorado

美國太空總署　NASA

美國國家科學院　National Academies of Sciences, Engineering and Medicine (NAS)

美國國家標準與技術研究院　National Institute of Standards and Technology (NIST)

耶魯大學　Yale University

英國國家物理實驗室　UK's National

Physical Laboratory

英國密碼破譯中心　British code-breaking centre

倫敦帝國理工學院　Imperial College London

埃克森美孚　ExxonMobil

十一畫以上

國家安全局　National Security Agency (NSA)

基礎與前沿科學研究所　Institute of Fundamental and Frontier Science

康乃狄克州　Connecticut

通用量子　Universal Quantum

博爾德　Boulder

華盛頓州　Washington

量子訊息科學國家實驗室　National Laboratory for Quantum Information Sciences

奧地利因斯布魯克大學　University of Innsbruck in Austria

微軟　Microsoft

新美國安全中心　Center for a New American Security (CNAS)

聖巴巴拉　Santa Barbara

聖荷西　San Jose

雷德蒙德　Redmond

墨爾本大學　University of Melbourne

德克薩斯大學奧斯汀分校量子資訊中心　Quantum Information Center at the University of Texas at Austin

歐洲核子研究組織　European Organisation for Nuclear Research（CERN）

橡樹嶺國家實驗室　Oak Ridge National Laboratory

優步　Uber

戴姆勒　Daimler

薩巴塔計算公司　Zapata Computing

薩塞克斯大學　University of Sussex

蘇黎世聯邦理工學院　ETH Zurich

騰訊　Tencent

蘭開斯特大學　Lancaster University

書籍／媒體

《用量子貓計算》　*Computing with Quantum Cats*

《多重結局冒險案例》　*choose-your-*

own-adventure

《自然》 *Nature*

《時間捷徑》 *A Shortcut Through Time*

《紐約時報》 *New York Times*

《商業內幕》 *Business Insider*

《探索量子電腦》 *The Quest for the Quantum Computer*

《連線》 *WIRED*

《麻省理工科技評論》 *MIT Technology Review*

《量子》 *Quanta*

《新科學家》 *New Scientist*

《薛丁格的殺手應用程式》 *Schrödinger's Killer App*

其他

小鷹號 Kitty Hawk

分靈體 Horcrux

光合系統二 Photosystem II

因數 factor

因數分解 factoring

多項式定時 polynomial time

固氮酶 nitrogenase

阿茲海默症 Alzheimer's

突觸 synapse
衍生企業 spin-out
核磁共振掃描儀 MRI scanner
氦 Helium
氨 ammonia
神經傳遞質 neurotransmitter
常務董事 managing director
蛋白質折疊 protein folding
氮 nitrogen
新冠肺炎 Covid-19
誤差範圍 Margins of error
墨子號 Micius

質因數 prime factor
質數 prime number
學習曲線 learning curve
錯誤更正 error correction
鐵鉬輔因子 FeMoco

量子電腦和量子網路

科技的下一場重大革命，它們如何運作和改變我們的世界

作者　阿米特・卡特瓦拉（Amit Katwala）
譯者　翁尚均
審定　鄭憲宗
主編　劉偉嘉
校對　魏秋綢
排版　謝宜欣
封面　萬勝安
社長　郭重興
發行人兼出版總監　曾大福
出版　真文化／遠足文化事業股份有限公司
發行　遠足文化事業股份有限公司
地址　231 新北市新店區民權路 108 之 2 號 9 樓
電話　02-22181417
傳真　02-22181009
Email　service@bookrep.com.tw
郵撥帳號　19504465 遠足文化事業股份有限公司
客服專線　0800221029
法律顧問　華陽國際專利商標事務所　蘇文生律師
印刷　成陽印刷股份有限公司
初版　2022年1月
定價　350元
ISBN　978-986-06783-5-2

歡迎團體訂購，另有優惠，請洽業務部 (02)22181-1417 分機 1124、1135

特別聲明：有關本書中的言論內容，不代表本公司／出版集團的立場及意見，由作者自行承擔文責。

國家圖書館出版品預行編目 (CIP) 資料

量子電腦和量子網路：科技的下一場重大革命，它們如何運作和改變我們的世界／阿米特・卡特瓦拉（Amit Katwala）作；翁尚均譯. -- 初版. -- 新北市：真文化出版，遠足文化事業股份有限公司發行，2022.01
面；公分 --（認真職場；18）
譯自：Quantum computing : how it works and how it could change the world
ISBN 978-986-06783-5-2（平裝）
1. 量子力學 2. 電腦科學
331.3　　110021074